오랜 역사를 담아 . . 전통을 만들고 있는 그곳,
유럽의 역사정원 이야기

It takes an endless amount of history to make even a little tradition.

사소한 전통에도 수많은 역사가 있다.

- Henry James -

차 례

책을 내며

1 이탈리아

1.1 이탈리아 정원의 발달 · · · · · · · · · · · · 10

1.2 빌라 데스테 〈Villa d'Este〉 · · · · · · · · · · · 12
　　　물의 향연인 르네상스의 걸작

1.3 빌라 란테 〈Villa Lante〉 · · · · · · · · · · · · 22
　　　수로와 분수로 만든 대지 예술

1.4 이졸라 벨라 〈Isola Bella〉 · · · · · · · · · · · 32
　　　호수 위에 떠있는 벨라의 정원

1.5 자르디노 디 닌파 〈Giardino di Ninfa〉 · · · · · · 42
　　　요정들이 살고 있는 숲속 마을

▎정원의 역할 · · · · · · · · · · · · · · · · · 52

2 프랑스

2.1 프랑스 정원의 발달 · · · · · · · · · · · · · 58

2.2 보 르 비콩트 성 〈Château de Vaux-le-Vicomte〉 · · · 60
　　　위엄과 권위를 펼쳐 놓은 정원

2.3 빌랑드르 성 〈Château de Villandry〉 · · · · · · · 70
　　　세상에서 가장 아름다운 텃밭

2.4 빌라 로스차일드 〈Villa de Rothschild〉 · · · · · · 80
　　　정원에 있는 지중해의 푸른바다

▎식물의 이름 · · · · · · · · · · · · · · · · · 90

3 영국

- 3.1 영국 정원의 발달 · · · · · · · · · 96
- 3.2 펜스허스트 플레이스〈Penshurst Place〉 · · · · · 98
  전통을 만들어내는 꽃들의 잔치
- 3.3 스타우어헤드〈Stourhead〉 · · · · · · · 108
  편안하고 아늑한 꿈같은 풍경
- 3.4 히드코트〈Hidcote〉 · · · · · · · · 118
  아기자기한 작은 정원들의 모델
- 3.5 시씽허스트 성〈Sissinghurst Castle〉 · · · · 132
  시인이 시를 쓰듯이 가꾼 화단

▎식물 사냥꾼 · · · · · · · · · · · · 146

4 스페인

- 4.1 스페인 정원의 발달 · · · · · · · · 150
- 4.2 세비야 알카사르〈Reales Alcázares de Sevilla〉 · · · 152
  천 년의 세월을 담은 오아시스
- 4.3 알람브라 궁전〈Palacio de La Alhambra〉 · · · · 162
  유럽에 남은 이슬람 문화의 꽃

책을 내며…….

정원은 자연을 담고 있지만 넓은 의미의 자연과는 달리 인간의 흔적이 담긴 곳이다. 그 흔적은 역사를 만들고 그 시대의 행동양식과 생활양식을 담아서 전통이 되어 이어지고 있다. 누군가 전통은 역사라는 씨줄에 지금 우리들의 모습이 날줄로 짜여 지는 것이라고 한다. 그래서 우리는 그 씨줄에 대한 이해를 바탕으로 올바른 날줄을 더해 가면서 이 시대의 전통을 만들어 갈 수 있는 것이다. 이러한 전통은 더 나아가 민족이나 나라의 고유한 문화로 발전하기도 한다.

인간은 정착 생활을 시작하면서부터 정원과 함께 해왔다. 아마 인간은 원시시대에 멀리 있는 들판에서 과일이나 곡식을 채집하며 지내다가 손쉽게 수확하기 위하여 자신들의 주거 근처에서 재배하기 시작하였을 것이다. 그리고 인간은 생명 유지를 위한 곡식의 재배나 과실수뿐만 아니라 꽃과 열매가 아름다운 정원수도 주거지에 옮겨 심었을 것이다. 즉 인간은 실용 목적뿐만 아니라 장식적인 목적으로 토지의 일부를 구획하여 생산하거나 보고 즐기기 위한 공간으로 정원을 조성하였다. 더욱이 오래된 정원에는 긴 시간과 인간의 흔적들이 고스란히 남아 있어 자연스럽게 그 시대의 생활양식과 문화를 엿볼 수 있다.

그리고 정원은 중세 이후 유럽에서 크게 발전한다. 유럽의 왕과 귀족들은 넓은 토지와 막대한 경비를 들여 자신만을 위한 정원을 화려하게 장식하였다. 이는 권력을 상징하기도 하고 때로는 부를 상징하기도 한다. 현재 유럽 여행에서 볼 수 있는 정원들이다. 예를 들어 프랑스의 베르사유 정원, 오스트리아의 쉰부른, 영국의 브렌하임 펠리스 등 많은 정원들이 이러한 유럽의 역사 정원들이다.

나는 유학시절 유럽의 많은 역사 정원을 둘러볼 기회가 있었다. 처음에는 대학시절, 수업 시간에 나왔던 역사 정원을 마치 인증 샷 찍듯이 확인하는 수준이었다. 그리고 몇 년 전부터 나는 〈유럽의 주택 정원 1, 2, 3〉을 쓰기 위해 독일, 프랑스 그리고 영국에 있는 일반인들의 주택 정원들을 둘러보게 되었다. 이런저런 이유로 그들의 정원을 여러 번 방문하다 보니 지금 유럽 사람들이 가꾸고 있는 정원에서 더러는 역사 정원에 담겨 있는 모습을 찾을 수 있었다. 더욱이 이제 시간을 갖고 조금 느긋하게 다니다 보니 역사 정원의 모습은 그들에게 전통이 되어 내가 둘러본 유럽의 주택 정원에 이어지고 있었다.

	우리에게도 담양에 있는 소쇄원이나 창덕궁의 후원과 같은 역사 정원이 있다. 하지만 서양 문명의 도입으로 우리의 주택 양식은 많이 바뀌었다. 이제 정원은 마사토가 곱게 깔린 한옥 마당이 아니라 잔디가 깔린 정원으로 변하고 있다. 즉 우리 시대에 맞는 새로운 모습의 정원으로 변해 가고 있는 것이다. 이 새로움은 역사의 씨줄에 날줄을 끼워 넣는 것이리라.

	나는 앞으로 우리가 만들어 가고 있는 새로움을 위해 유럽인들이 그들의 전통 정원을 이어 가는 데 모델이 되고 있는 역사 정원을 소개하고 싶다. 이 이야기가 우리의 전통 정원을 만들어 가는데 또는 계승해 나가는데 작은 도움이 될 수 있기를 바라며 그들의 정원을 둘러보았다. 그들의 오래된 역사 정원은 아름다웠으며 정원 여행은 나에게 더없이 즐거운 일이었다.

2020. 06.

문 현 주

이탈리아

1.1 이탈리아 정원의 발달
1.2 빌라 데스테
   Villa d'Este
1.3 빌라 란테
   Villa Lante
1.4 이졸라 벨라
   Isola Bella
1.5 자르디노 디 닌파
   Giardino di Ninfa

1.1 이탈리아 정원의 발달

유럽에서 정원이 크게 발달하는 시기는 르네상스 이후이다. 15, 16세기 이탈리아는 신 중심이던 중세를 벗어나 인간 중심의 르네상스 시대로 발전한다. 르네상스(Renaissance)는 프랑스어로 재탄생(re-: 다시, 거듭, nascere: 태어나다)을 뜻한다. 이는 고대 그리스와 로마 문명을 재인식하고 중세의 종교적 속박과 봉건적 전통에서 벗어나 인간과 자연을 위한 새로운 문화를 창출해 내려는 운동이다. 이는 주거생활에도 영향을 주어 전원에 거주하려는 사람들이 새로운 형태의 주택인 빌라(Villa)와 함께 정원을 조성하기 시작한다.

그 시절, 르네상스의 주역인 피렌체의 메디치(Medici) 가문은 정원 발달에도 큰 역할을 한다. 예술과 문화를 사랑하는 메디치 가문의 귀족들은 토스카나 지방에 피에졸 메디치 장(Villa Medici di Fiesole)을 비롯하여 정원이 있는 많은 빌라를 조성한다. 특히 정치적 수완이 뛰어난 로렌초 메디치(Lorenzo de Medici)는 인문주의적 학예와 철학을 장려하면서 산마르코 수도원을 조각가들에게 작업장이자 주거지로 제공하고 카레지의 빌라는 피렌체 아카데미 회원들에게 모임 장소로 제공하는 등 피렌체를 르네상스 문화의 중심지로 만들었다.

피렌체에서 시작한 저택과 정원 기술은 16C 초반 교회의 강력한 세력화가 진행됨과 동시에 교황의 권위가 확립되기 시작하면서 로마로 이어져 교황의 정원, 추기경의 저택 정원 등 현존하는 역사 정원으로 남아 있게 되었다.

이탈리아반도는 우리나라와 비슷한 지형으로 태백산맥에 해당하는 아펜니노(Apennino) 산맥이 남북으로 길게 뻗어 있고 서쪽으로 구릉지대를 이루고 있다. 이러한 지형적 조건에 의해 빌라는 구릉의 약간 높은 곳에 위치하고 정원은 자연스럽게 경사지에 조성되었다.

　이탈리아 정원의 특징은 지형 조건에 따라 경사지를 이용하여 계단형으로 만들었다. 즉, 중앙에 있는 저택을 기준으로 강한 축을 설정하고 경사면은 등고선에 따라 평행하게 단을 만들어 테라스를 조성하였다. 식재는 길을 따라 식물을 배치하고, 상록수 위주로 형태를 만들어 대칭의 효과를 두드러지게 하였다. 즉, 좌우대칭형의 기하학적인 배치와 축의 개념이 도입되기 시작하였다.

　정원의 배치는 그 축을 중심으로 단으로 형성된 테라스에 에디피코(Edifico: 건물), 쟈르디노(Giardino:정원) 그리고 보스코(Bosco:수림)가 차례로 놓이게 구성된다. 이를 노단식 정원 양식(Terrace-dominant Architecture Style) 또는 르네상스 정원 양식이라고 한다.

　16세기가 되면서 이탈리아의 르네상스 정원은 유럽의 각지로 전파되었다. 중요한 계기는 1494년부터 나폴리 왕국의 지배를 둘러싸고 프랑스, 신성로마제국, 에스파냐가 참여한 이탈리아 전쟁이다. 이때 프랑스의 샤를 8세는 군대를 이끌고 나폴리로 가면서 이탈리아의 빌라와 정원의 뛰어난 모습을 보게 된다. 이들이 귀환하면서 프랑스에 르네상스 양식을 들여오게 되었으며 이는 후에 프랑스의 평면기하학식 정원 양식으로 발전하게 되었다.

1.2 빌라 데스테

Villa d'Este

물의 향연인 르네상스의 걸작

빌라 데스테(Villa d'Este)는 르네상스 양식의 16세기 건축물이며 이탈리아 로마 근교에 위치한 티볼리(Tivoli) 마을에 있다. 빌라는 유럽에서 교외에 있는 저택이나 별장을 말한다. 즉 넓은 대지에 정원이나 주변에 농원이 딸린 교외 주택이다. 빌라 데스테의 부지는 언덕에 단을 조성하여 정원을 조성하였으며 정원은 그 단에 화단을 두고 다양한 분수로 물의 향연을 연출하였다. 또한 정형적인 공간 구성으로 기하학식 정원 양식을 보여 주고 있으며 중세 이후 발전하는 유럽 정원에 상당한 영향을 끼쳤다. 르네상스 시대에 최고의 정원이다.

빌라 데스테는 1549년 추기경 이폴리토 데스테(Ippolito d'Este)가 빌라로 개조하기 시작하였다. 그는 수녀원으로 이용되던 곳을 30년에 걸쳐 빌라와 아름다운 정원으로 만들었다. 전체 부지의 면적은 약 45,000㎡며 정원은 경사지에 위치한다. 데스테 추기경은 이곳의 설계를 화가이자 건축가이며 고고학자이었던 피로 리고리오(Pirro Ligorio)에게 의뢰하고  수경 디자인은 오라지오 올리비에리(Orazio Olivieri)가 맡았다. 건축가는 근처에 있는 하드리아누스 황제의 별장에서 영감을 받았으나 그는 모방에서 끝나지 않고 르네상스 시대의 가장 화려한 정원을 만들었다.

이곳은 로마에서 북동쪽으로 40km 정도 떨어진 티볼리 마을이다. 이 마을은 아니에네강(Aniene River)이 북쪽과 동쪽을 감아 흐르고 사비니(Sabine) 구릉의 서쪽 사면에 위치한 곳으로 주변 경관이 뛰어나다. 그래서 이곳은 고대 로마 제국 시대부터 별장이나 소규모의 신전을 지어 귀족들의 여름 휴양지로 각광받았다. 또한 주변에 고대 유적지인 로마 황제 하드리아누스가 세운 별장으로 빌라 아드리아나(Villa Adriana)가 있다. 그 유명세로 '티볼리' 라는 마을의 이름은 놀이공원이나 상품의 이름에도 종종 이용되고 있다.

나는 마을 어귀에 차를 주차하고 천천히 빌라 데스테로 향했다. 오래된 마을의 골목길은 언제나 흥미롭다. 이정표를 따라 좁은 골목을 오르니 정상에 넓은 주차장이 있다. 주차장에서 산타 마리아 마조레 교회(Church of Santa-Maria Maggiore)가 보이고 입구는 그 옆에 있는 작은 문이다. 안으로 들어가니 빌라와 연결된 회랑이 있고 가운데는 돌로 포장된 작은 광장이다. 광장의 한 면은 교회 건물의 일부인 벽이며 비너스 조각상과 양쪽에 있는 사자 조각에서 물이 나오고 있다. 역시 물의 정원이 시작됨을 알려 주는 듯하다.

회랑을 지나 건물로 들어서면 별장 내부에는 화려한 프레스코화로 꾸며져 있다. 발코니 문이 활짝 열려 있어 나의 발걸음은 자연스럽게 그쪽으로 향한다. 발코니에 서니 정원이 한눈에 내려다보인다. 시선은 정원의 중심축을 따라 아래로 내려가 멀리 맞은편 산기슭까지 날아간다. 정원은 부피감이 있는 진한 초록으로 가득 하고 축을 중심으로 좌우대칭형을 이루며 다단이 내려간다. 이러한 양식의 정원을 노단식 정원 또는 노단 건축식 정원(Terrace-dominant Architecture Style)이라 한다. 이는 르네상스 이후 빌라의 발달과 함께 만들어진 이탈리아의 정원 양식이다.

발코니에 서서 정원 사진을 찍으려니 이탈리아의 햇살이 너무 강하다. 내 실력으로는 쉽지 않을 것 같다. 이곳은 80년대 독일 유학시절 왔던 곳이다. 그때 나는 앞으로 아주 중요한 자료가 되리라 생각하여 슬라이드 필름으로 사진을 찍고 앞과 뒤에 얇은 유리를 끼우는 마운트를 하여 정성껏 보관하고 있었다. 하지만 이번 책에 넣으려니 화질이 떨어져 다시 왔는데 이번에는 강한 햇빛 때문에 잘 찍을 수 있을지 모르겠다.

빌라 데스테는 경사지에 있는 부지라 정원을 조성하기 위하여 지형을 조정하였다. 단을 두어 넓고 평탄한 테라스(terrace)를 만들었다. 이는 부지에 안정감을 주며 조금 높은 위치에서 주변의 경치를 감상하기에 좋다. 이곳 빌라 데스테는 크게 4단으로 조성되어 있다. 빌라는 제일 위쪽 제4 테라스에 위치한다. 그리고 아래로 제3 테라스, 제2 테라스 그리고 맨 아래에 제1 테라스가 있다.

나는 빌라에서 나와 중앙에 있는 계단을 이용하여 제3 테라스로 내려갔다. 빌라 데스테 정원의 상징인 100개의 분수(Cento Fontane)가 양쪽으로 길게 펼쳐진다. 이 분수대는 한 쪽 벽을 이용하였고 3단을 이루며 길이는 130m다. 그리고 직각으로 정원의 축을 가로지른다. 분수는 고대 로마의 시인 오비디우스

(Publius Naso Ovidius)의 〈변신 이야기〉에 나오는 동물과 신의 얼굴이 조각되어 있고 각각의 입에서 물을 뿜어낸다. 긴 분수대 앞으로 모자이크 문양을 넣은 돌로 포장된 좁은 길이 있다. 길은 물안개와 물방울로 촉촉이 젖어 있고 100개의 분수에서 수조로 떨어지는 물소리는 좁은 길을 가득 메우고 있다.

긴 100개의 분수대 양쪽 끝에 또 다른 분수대가 보인다. 정원은 북서 방향에서 남동 방향으로 축을 이루고 있다. 북동쪽으로 멀리 로메타(Rometta) 분수대 그리고 남서쪽으로 델로바토 분수(Fontana dell'Ovato)가 있어 양쪽에서 축의 균형을 이루고 있다. 로메타는 작은 로마라는 뜻으로 로마를 대표하는 건축물들을 축소한 조각들과 오벨리스크를 태우고 있는 배가 있다. 그리고 그 주변에 다양한 형태의 분수들이 고대 로마 시대의 영광을 연출하고 있는 듯하다. 맞은편 델로바토 분수의 상부 수조는 타원형의 반원이다. 위에서 떨어지는 물은 마치 투명한 커튼을 드리운 듯 부드럽게 수조에 담긴다.

다시 축을 이루는 중앙으로 가서 제2 테라스로 내려간다. 내려가는 길은 긴 경사로를 이용하거나 용의 분수(Fontana dei Draghi)를 양쪽에서 반원형으로 감싸고 있는 계단을 이용할 수 있다. 나는 긴 경사로를 택하였다. 계단으로 내려가면 짧은 거리이지만 경사로를 이용하면 긴 여정인 양 느린 걸음으로 걸을 수 있다. 길에 박혀 있는 오래된 자갈들이 속도를 늦추어 준다. 양쪽에 수림대가 있고 그 사이에 난 길은 폭이 좁아 길고 깊게 느껴진다.

그리고 제2 테라스의 중앙에 용의 분수가 있다. 용의 분수라는 이름에 걸맞게 4마리의 용들이 강한 물줄기를 토해 내고 중앙에 큰 물줄기가 높게 올라간다. 힘차게 하늘로 쏘아 올리는 물줄기를 따라 올려다보니 빌라가 높은 곳에 우뚝 서있다. 빌라는 크지 않았지만 용의 분수가 받쳐주니 웅장하게 보인다.

맨 아래 단은 이 정원에서 폭이 제일 넓은 제1 테라스이다. 커다란 직사각형

의 연못 3개가 길게 연속적으로 배치되어 있고 주변에 감탕나무숲이 울창하다.

햇빛이 강한 오늘, 눈부시도록 반짝이는 수면에 비친 맞은편 넵튠 분수의 웅장한 모습이 더욱 선명하게 물 위에 반사된다. 수면은 하늘빛 보다 더 진한 하늘빛이다. 주변에 있는 숲의 진한 초록 그림자도 하늘빛을 담은 푸른 연못에 내려 앉는다. 빛과 그림자로 강한 대조를 이루고 있다.

그리고 긴 연못 끝에 빌라 데스테에서 가장 웅장한 5m 높이의 물줄기를 내뿜는 넵튠 분수(Fontana di Nettuno)가 있다. 넵튠은 로마신화에 나오는 바다의 신이며 그리스 신화에 나오는 포세이돈과 같은 신이다. 그 위로 물의 성이 있고 맨 위에 물소리를 조정하여 오르간처럼 음악을 연주하는 오르간 분수(Fontana dell'Organo)가 있다. 이는 물을 쏘아 올릴 때 물의 높이와 굵기에 따라 다른 소리가 나는 원리를 이용하였다. 이는 로마시대부터 전해오는 수력공학을 응용하여 물의 압력을 조절하여 높고 낮은 음을 만들어 내는 것이다.

빌라 데스테의 수경 시설은 51개의 조각 분수, 398개의 분출구, 364개의 워터 제트, 64개의 폭포, 220개의 수반 그리고 정원 곳곳을 흐르는 총 길이는 875m의 수로가 있다. 물은 티볼리 마을에 흐르는 강물을 끌어올렸다. 빌라에 있는 상부

수조에 물을 저장하여 높이차에서 생기는 수압으로 물을 뿜어 올렸다. 그리고 크고 작은 노즐을 이용하여 다양한 물줄기를 연출하였다. 동력 펌프가 없던 시절, 저지대의 강물을 아르키메데스의 무동력 펌프 원리를 이용하여 높은 곳으로 끌어올렸다니 정말 놀랍다.

　나는 정원을 둘러보며 분수가 몇 개인지 세어 볼 수는 없었지만 시각, 청각, 촉각 등을 통해 경험할 수 있었다. 한마디로 빌라 데스테의 정원에는 다양한 물 모습의 화려한 연출로 정원 어디서나 '물의 향연'이 펼쳐지고 있었다.
　다시 방문한 빌라 데스테는 변함이 없었다. 나는 400여 년 세월의 변화를 다 볼 수는 없었지만 운 좋게 30여 년의 변화를 보게 되었다. 첫 방문 때는 몇 군데 분수가 나오지 않았고 관리도 조금 허술해 보였는데 지금은 그때보다 유지 보수가 더 잘 되고 있는 듯하다. 오늘은 정원에서 정원사도 보았고 대부분의 분수는 순조롭게 작동되고 있었다. 그들은 데스테 추기경이 남기고 간 아름다운 빌라 데스테의 옛 모습을 그대로 간직해 주고 있었다.

1. 3. 빌라 란테

Villa Lante

수로와 분수로 만든 대지 예술

빌라 란테(Villa Lante)는 로마에서 북쪽으로 100km 정도 떨어진 이탈리아의 중부 비테르보(Viterbo) 부근 바그나이아(Bagnaia) 마을에 있다. 비테르보는 역사 지구로 중부 이탈리아에서 중세 시대의 마을이 가장 잘 보존된 곳 중 하나이다. 가는 길에 초원과 언덕 그리고 언덕 위에 멀리 오래된 성들이 띄엄띄엄 보인다. 바그나이아 마을에 도착하니 중세 도시답게 마을 중앙에 광장이 있고 그 가운데 교회가 있다. 광장에서 남쪽 기슭으로 빌라 란테의 이정표가 보인다.

　　빌라 란테는 1566년 감바라 (Gianfrancesco Gambara) 추기경에 의해 시작되었다. 그는 이곳을 여름 별장으로 계획하였고 당시에 유명한 건축가 비뇰라(Barozzi Vignola)에게 설계를 의뢰하여 1568년부터 시작하여 1578년에 완공하였다.

　　17세기 초, 몬탈토(Alessandro P. Montalto) 추기경이 인수하면서 두 번째 카지노를 세웠다. 그리고 맨 아랫단에 자수화단과 무어인의 분수(Fontana dei Mori)를 만드는 등 대대적인 작업으로 지금의 정원 모습을 완성하였다.

　　그리고 1656년 란테 가문이 이곳을 인수하면서 '빌라 란테' 라는 지금의 이름을 갖게 되었다. 란테 가문은 1933년까지 300년 동안 이곳을 소유하였다. 그 후 소유권이 바뀌고 제2차 세계대전 중인 1944년 공습으로 빌라 란테는 심하게 손상되고 방치되어 훼손되었다. 이탈리아 정부는 1973년 이곳을 인수하여 다시 아름다운 정원으로 보수하고 일반인에게 공개한다. 이때, 빌라 란테의 넓은 농원 부지는 현재 마을 주민들을 위한 공원으로 조성하게 되었다.

　　빌라 란테는 사각형 박스 형태의 카지노 건물 2동과 정원 그리고 농원으로 구성 되어 있으며 전체 부지의 면적은 220,000㎡다. 부지는 경사가 있는 언덕에 위치하며 정원은 단을 조성하여 테라스 형태로 만들었다. 아랫단과 윗단의 높이 차는 거의 16미터에 달한다. 그리고 정원의 배치는 중앙에 수경시설을 중심으로 축을 이루며 기하학적이고 대칭적이다. 이곳은 르네상스 시대의 전형적인 노단식 정원 양식(Terrace-dominant Architecture Style)을 갖추고 있다.

　　도착하니 우연히 정문 바로 앞에 차를 주차할 수 있었다. 빌라의 정문 사이로 자수화단의 일부분이 보이지만 문은 닫혀있다. 정문은 행사 때나 특별히 초대

된 사람들이 방문할 때 이용한다고 한다. 오른쪽으로 담을 따라가니 담 사이에 아취형의 문이 있고 그 안에 안내소와 매표소가 있다. 그곳에서 입장권을 받아 돌아서면 페가소 분수(Fontana del Pegaso)가 보이고 오른쪽은 공원으로 가는 길이다. 공원은 옛날에 수렵장이었으나 차츰 과수원과 포도밭으로 변했고 지금은 주민들을 위해 무료로 개방하는 곳이다.

페가소 분수는 타원형의 분수대이며 그 반원은 높은 벽체로 이루어졌다. 페가소는 그리스 신화에 나오는 날개 달린 말이다. 분수대 가운데에서 페가소가 힘차게 물을 박차고 날아오르고 벽에 반신상 조각에서 물을 뿜어낸다.

분수대 왼쪽에 폭넓은 계단을 오르니 카지노 건물 옆으로 문이 있다. 그곳에서 입장권을 확인한다. 아마 공원으로 가는 사람들과 구분하기 위함인 것 같다.

안으로 들어가니 우선 넓은 자수화단이 나오고 멀리 무어인의 분수가 보인다. 분수대는 사각의 연못이며 가운데 원형 부분은 다리로 연결된다. 가문의 문장을 치켜들고 서있는 네 명의 무어인의 조각이 역동적이다. 그리고 연못에는 돌로 조각한 배 위에 트럼펫을 부는 천사가 밖으로 향하는 모습이다. 이곳이 가장 아래 단에 있는 제1 테라스이다.

제1 테라스와 제2 테라스에 걸쳐 사각형 형태의 똑같은 2동의 건물이 있다. 하나는 감바라 추기경이 조성 당시 지은 건물이고 다른 한 동은 몬탈토 추기경이 지었다. 두 사람이 30년의 간격을 두고 지었으나 건축 양식이나 형태가 거의 똑같아 대칭의 정원을 완성한다.

서쪽 카지노 건물에 들어가니 넓은 홀이다. 아마 연회 장소이었던 것 같다. 한쪽 벽면 전체에 빌라 란테의 예전 모습이 프레스코 기법으로 그려져 있다. 마치 거실에 오래된 가족사진이 걸려 있는 듯하다.

카지노는 오락시설이 있는 공인된 도박장으로 알고 있지만, 어원은 이탈리아어로 '작은 집'을 의미하는 카사(casa)에서 유래되어 르네상스시대에 귀족 소유의 사교나 오락을 위한 별관을 뜻하였다. 즉 방문객을 위한 거주, 휴식, 오락 기능을 수용하기 위한 건물이다.

카지노에서 나와 제2 테라스로 향하려니 건물 한 면에 붙어 있는 계단을 이용하거나 양쪽으로 높이 1.2m 정도의 생울타리가 빽빽하게 쳐진 완만한 경사의 오솔길을 선택하여야 한다. 물론 나는 오솔길을 택하였다. 오르는 길에 제1 테라스의 자수화단과 연못의 형태를 조금씩 다른 각도로 내려다볼 수 있었다.

제2 테라스는 촛불 분수(Fontana dei Lumicini)가 주인공이다. 촛대에서 불꽃이 타오르는 듯 작은 물줄기를 위로 뿜어 올린다. 촛대와 원형의 둘레석 주위에 연한 초록색의 이끼가 두껍게 끼어 있다. 그 폭신함으로 주위는 따뜻한 분위기마저 감돈다. 그리고 다시 수반으로 떨어지는 여러 물줄기의 경쾌한 물소리는 마치 물의 오케스트라 연주가 펼쳐지는 듯하다.

그리고 또 다른 소리가 들린다. 바람이 스치고 지나가며 잎에 부딪히는 소리이다. 주위를 둘러보니 양쪽에 커다란 플라타너스가 있다. 늦가을의 서늘한 공기와 강렬한 햇빛이 플라타너스 잎을 바삭하게 만들었다. 나뭇잎 사이로 햇살이 쏟아진다. 그리고 그 그림자는 바닥에 선명한 수묵화를 그려 놓았다. 사실 플라타너스는 정원수로 인기 있는 나무는 아니다. 하지만 이곳에 있는 플라타너스는 그 웅장함과 당당함이 일품이다. 또한 커다란 나뭇잎들의 사각거리는 소리와 물소리는 톤이 다른 음색으로 화음을 이룬다.

잠시 나뭇잎 소리와 물소리를 즐기다가 제3 테라스로 오르니 커다란 한 덩이의 돌로 만든 테이블 분수(Fontana della Tavola)가 있다. 긴 테이블 위에는 길고 좁은 수로가 있고 물이 흐른다. 아마 식사를 하며 신선한 과일이나 술잔을 차게 할 수 있으리라 상상해 본다.

테이블 분수 넘어 거인의 분수(Fontana dei Giganti)가 있다. 이 두 거인은 티베르(Tiber) 강의 신과 아르노(Arno) 강의 신을 상징한다고 한다. 티베르 강은 이탈리아 반도의 아펜니노산맥에서 시작하는 길이 390km로 토스카나, 움브리아 지방을 흘러 로마 시내를 통과하는 강이다. 그리고 아르노 강은 피렌체를 지나 토스카나주를 흐르는 240km 길이의 강이다. 중앙에 커다란 가재가 물을 토해낸다. 가재는 이탈리아어로 gambero이며 감바라(Gambara) 가문의 상징이다. 가재 문양은 가문의 문장에도 있으며 정원에 있는 몇몇 조각에도 나타난다.

거인의 분수를 중심으로 양쪽에 대칭으로 계단이 있다. 계단을 오르니 이번에는 계곡의 시냇물 소리가 들린다. 제4 테라스로 이어지는 계단식 폭포(Fontana della catena)이다. 캐스케이드(cascade)라고도 한다. 이는 낙차가 심하지 않으면서 여러 단을 단계적으로 흘러내리는 폭포의 형태이다. 계단식 폭포는 양쪽에 짙은 초록의 생울타리가 있으니 그 길이가 더욱 길게 느껴진다. 그리고 맨 위에 가재 조각상의 입에서 물을 토해낸다.

나는 가재 뒤에 서보았다. 아래로 정원을 구성하는 일직선의 수경축과 대칭의 구조가 한눈에 명확하게 보인다. 그리고 연못 가운데 무어인들이 떠받치고 있는 별을 넘어 멀리 바그나이아 마을까지 시원스럽게 내려다보인다.

그리고 제4 테라스이다. 가운데 생울타리가 원형으로 쳐져 있고 그 안에 돌고래 분수(La Fontana dei Delfini)가 있다. 울타리는 폭신하게 이끼가 덮여 있는 돌 의자와 함께 커다란 초록의 덩어리를 이루었다. 3단의 돌고래 분수 주위에

조개, 물고기 조각 등이 있는 것으로 보아 물 속의 이야기인 듯하다.

맨 끝에 이 정원의 발원지인 듯한 모습의 그로토(Grotto: 인공적으로 만든 작은 동굴)가 있다. 딜루비오의 샘(Fontana del Diluvio)이다. 그곳에서 샘물처럼 가는 물줄기가 수조로 떨어진다. 그 샘을 시작으로 빌라 란테의 물은 저 아래 무어인의 분수까지 흘러가는 것이다.

그리고 나는 딜루비오의 샘에서부터 다시 물의 흐름을 따라 위에서 아래로 정원을 내려온다. 늦가을, 11월에 찾아온 정원은 방문객이 적어서 인지 더욱 여유로웠다. 천천히 내려오자니 여기저기 오래된 돌에 붙어서 자라고 있는 연한 초록색의 두터운 이끼가 다시 눈에 들어온다. 수경 시설을 중심으로 만든 정원이니 주변의 촉촉함이 이끼들을 살찌우게 하고 있다. 습기를 머금은 이끼는 빌라 란테를 포근하고 아늑하게 만들고 있다.

이끼를 보고 있자니 물과 인간의 관계를 생각하게 한다. 물은 생명의 근원이며 물이 있는 곳에서 인간의 문명이 발달하였다. 빌라 란테도 이런 이야기를 하고 있는 것 같다. 맨 위 동굴에서 마치 생명의 원천 같은 샘물이 나오고 계곡 같은 케스케이드를 따라 흘러내려 물 테이블을 지나 촛불 분수로 뿜어낸다. 촛불로 주변을 밝혔던 물은 큰 연못에 도착한다. 그 주위에 아름다운 자수화단이 펼쳐진다. 마치 물이 만들어 내는 풍요로움을 의미하는 것 같다.

아마 빌라 란테의 수경시설은 자연 속에 물의 흐름을 이야기하고 있는 듯하다. 이끼를 바라보다가 나의 생각이 너무 멀리 간 것 같다. 가끔 정원을 둘러보면서 정원 주인이나 설계자의 의도와는 상관없이 나만의 상상으로 정원의 디자인 개념을 새로 펼치곤 한다. 오늘도 이런 엉뚱한 생각을 하면서 혼자 뿌듯한 마음으로 빌라 란테를 나선다.

1.4 이졸라 벨라

Isola Bella

호수 위에 떠있는 벨라의 정원

이졸라 벨라(Isola Bella)는 섬의 이름이다. 이졸라는 이탈리아어로 '섬'이고 벨라는 '아름다운'이란 뜻이니 '아름다운 섬'이란 뜻이다. 이곳에는 바로크 양식의 화려한 보로메오 궁(Palazzo Borromeo)과 아름다운 정원이 있다. 벨라 섬은 스위스 남부와 이탈리아 북부에 걸쳐있는 마죠레 호수(Lago Maggiore)에 떠있으며 이탈리아 구역이다. 마죠레 호수는 빙하호로 이탈리아에서 2번째로 큰 호수이며 면적은 212㎢이다. 호반의 길이가 대략 64km로 알프스 산을 배경으로 남북으로 길게 놓인 아름다운 호수이다.

1501년부터 롬바르디아 및 밀라노 영주인 보로메오(Borromeo) 가문은 마죠레 호수에 있는 이졸라 마드레(Isola Madre)를 소유하면서 별장을 짓기 시작하였다. 그리고 1632년 보로메오 가문의 카를로 3세(Carlo III)는 이졸라 마드레에서 멀지 않은 이졸라 인페리오 또는 이졸라 디 쏘토라고 불리던 섬을 인수한다. 그리고 그는 섬의 이름을 이졸라 벨라로 바꾸었다. 그의 부인인 이자벨라 다다(Isabella d'Adda)를 위한 섬이었다. 카를로 3세는 바위산이었던 섬을 계단식으로 절개하여 흙을 채우고 나무를 심어 보로메오 궁과 아름다운 정원을 만들기 시작하였다. 하지만 그는 이졸라 벨라의 완공을 보지 못했다.

그리고 그의 두 아들인 추기경 지베르토(Giberto)와 비탈리아노 6세(Vitaliano VI)가 어머니를 위해 계속하였다. 그들은 17세기 이탈리아의 최고 건축가라고 부르는 카를로 폰타나(Carlo Fontana)에게 설계를 의뢰하였으며 총 40여 년간의 공사로 1671년에 별장과 정원을 완성하였다.

이졸라 벨라(Isola Bella)의 전체 크기는 320×400m 정도이며 정원은 10단의 테라스로 이루어졌다. 이곳에 보로메오의 저택과 이탈리아의 노단식 정원이 있으며 바로크(Baroque) 양식의 대표적인 정원이다.

바로크 양식은 17~18세기 유럽에서 르네상스 양식을 새롭게 발전시키면서 유행한 예술 양식이다. 일반적으로 예술사에서 르네상스 양식이 순수한 고전 부흥의 기본 요소를 표현했다면 바로크 양식은 전통에서 벗어나 자유로이 풍요로움, 화려함, 활력 등을 표현하였다. 이는 건축, 음악, 미술, 문학 등 여러 분야에 나타난다. 정원 분야 또한 건축 양식과 더불어 정원 구조물이나 시설물을 화려하게 장식하는 바로크 양식의 정원이 유행하게 된다.

이졸라 벨라에 가려면 마조레 호숫가에 있는 스트레사(Stresa)라는 작은 마을에서 배를 타야한다. 나는 이 마을로 가기 위해 취리히에서 알프스산맥을 넘어

250km 정도 남쪽으로 내려갔었지만 이탈리아 밀라노에서 오는 편이 수월하다.

　선착장에는 호수 안의 섬을 정기적으로 운행하는 배가 있고 개인이 운영하는 수상 택시도 있다. 나는 스트레사에서 호수 건너편 팔렌자(Pallanza) 마을까지 왕복하는 정기선을 탔다. 이는 이졸라 페스카토리, 이졸라 마드레 그리고 이졸라 벨라를 들른다. 한 섬만 갔다 올 수도 있고 중간에 내렸다 다시 탈 수도 있다. 왕복 티켓을 사면 세 섬을 자유롭게 이용할 수 있다.

　나는 우선 이졸라 마드레에 들렸다. 이곳은 미조레 호수에서 가장 큰 섬으로 영국식 정원이며 이탈리아에서 가장 오래된 식물원 중 하나이다. 이곳의 따뜻한 기후로 다양한 아열대 식물과 이국적인 꽃들을 볼 수 있다. 또한 화려한 색깔의 새들이 살고 있는 곳으로도 유명하다.

　두 번째 선착장은 이졸라 페스카토리(Isola del Pescatori)로 '어부의 섬'이란 뜻이다. 잠시 내려서 섬을 둘러보았다. 섬은 물고기처럼 길쭉한 모양이다. 물고기의 꼬리 부분은 스르르 호수에 잠긴다. 그곳에 수면에 닿을 듯이 놓인 몇 개의 벤치는 물 위의 쉼터를 만들고 있어 인상적이다.

　그리고 남부 유럽의 작은 마을에는 늘 마을 가운데 작은 성당이 있듯이 이곳에도 작은 성당이 있다. 예전에 어부들이 살던 집들은 이제 아기자기한 상점으로 변하였다. 기념품 가게, 카페, 레스토랑 그리고 숙소가 골목길을 메우고 있다. 나는 마을을 둘러보다가 이 섬에서 점심을 먹고 이졸라 벨라로 향하였다.

이졸라 벨라에 내리니 선착장 앞에 작은 광장이 있고 바로 보로메오 궁으로 연결된다. 들어가는 계단 벽에 메디치 가문과 사보이 가문 등의 문장이 있는 것을 보니 보로메오 가문과 친했던 모양이다. 궁 안에는 아름다운 생활용품과 예술품이 전시되어 있다. 지하에는 여름 더위를 피하기 위한 동굴이 있고 대리석, 치장 벽돌 및 작은 돌로 문양을 넣어 장식되어 있다.

보로메오 궁에는 방이 100개가 있다. 그 중 20개를 일반인에게 공개하고 80개는 개방하지 않고 있다. 아직도 궁의 3층 부분은 보로메오 가문에서 여름 별장으로 사용하고 있으며 그들이 있을 때는 발코니에 깃발이 꽂힌다고 한다.

정원으로 나와 계단을 오르니 넓은 잔디밭과 화려한 마시모 극장(Teatro Massimo)이 펼쳐진다. 이곳은 실내 공연장이 아니라 야외극장이다. 무대 뒷면은 벽감(Niche: 장식을 목적으로 두꺼운 벽면을 파서 움푹하게 만든 곳)으로 장식한 건축물이다. 아치 형태의 깊숙한 벽감은 조개, 그리스·로마 시대의 전령 그리고 천사들이 조각으로 장식되어 있다. 가운데 가장 높은 곳에 이마에 뿔이 하나 달린 전설상의 동물인 유니콘의 조각이 있다. 이는 보로메오 가문의 상징물이다. 보로메오 가문의 사람들은 이곳에서 야외 결혼식을 하기도 한단다.

마시모 극장의 양쪽 벽체를 이용하여 정원의 최상단으로 올라가는 계단이 있다. 계단 곳곳에 돌로 조각된 아기 천사들이 장식되어 있어 마치 동화 속의 나라로 들어가는 듯 색다른 분위기이다.

이졸라 벨라 | 37

섬의 최상단에 서니 360도 어디를 둘러보아도 마조레 호수가 펼쳐진다. 그러니 정원의 흰색 조각들과 초록색의 식물들이 호수의 푸른색을 배경으로 파노라마로 펼쳐져 또 다른 감동을 선사한다. 그리고 아랫단에 조성한 자수화단이 내려다보인다. 이제까지 본 자수화단 중에서 가장 선명하다. 위에서 보니 그 화려한 문양이 평면에 그려 놓은 듯 온전한 상태로 고스란히 보인다.

정원은 각각 다른 높이의 테라스로 조성되어 있어 오래된 돌계단과 난간으로 이어진다. 호숫가의 습기 때문인지 돌계단과 벽체 틈에 이끼와 양치류 식물들이 자라고 있어 오래된 정원에 운치를 더한다.

주위의 나무들은 이 정원의 역사를 말해 주듯이 3m가 넘는 철쭉, 200년이 넘었다는 녹나무 그리고 폭넓은 라나스덜꿩나무의 흰색 꽃이 한창이다. 이 나무는 일반 덜꿩나무의 꽃과는 달리 산수국처럼 헛꽃이 있어 더욱 화려한 모습이다. 그리고 우리 집에 있는 나무라 더욱더 반갑다.

잔디밭에 이 정원의 상징물인 하얀 공작새(Indian White Peacock)가 거닐고 있다. 늘 서너 마리의 공작새가 이 정원에 있으며 보로메오 가문에서 대를 이어 키워오고 있다고 한다. 그중에 한 마리가 아장아장 나를 따라오며 날개를 편다. 부채처럼 활짝 펴니 내 키를 훌쩍 넘는다. 먹을 것도 줄만한 것이 없는데 난감하다. 하지만 사람을 무서워하지 않는 모습이 정녕 이곳이 자신의 영역임을 알고 있는 듯하다. 출구는 정원에서 호숫가를 따라 직접 선착장으로 내려온다.

그리고 돌아오는 배 위에서 벨라 섬을 바라보니 바빌론의 공중 정원(The hanging garden of babylon)을 상상하게 한다. 이는 고대 도시 바빌론에 신바빌로니아 왕국의 네부카드네자르 2세(B.C.605~B.C.562)가 메디아 왕국에서 바빌론으로 시집온 사랑하는 왕비 아미티스를 위하여 만든 정원이다.

정원은 각 테라스 위에 흙을 올려 여러 층의 화단으로 만들고, 층마다 온갖 식물을 심었다고 한다. 그리고 식물들을 관리하기 위해 도시를 관통하는 유프라테스 강에서 물을 끌어왔다. 사막 지역이라 멀리서 이 정원을 바라보면 마치 공중에 매달려 있는 것 같아 공중 정원이란 이름이 붙여졌다. 이곳은 이라크의 수도 바그다드 남쪽 90km 정도 떨어진 곳이다. 이 정원은 지금 기록과 흔적만 남아 있지만 세계 7대 불가사의로 여겨지는 건축물의 하나이다.

이졸라 벨라도 호수 위에 층을 이루며 떠있어 마치 바빌론의 공중 정원과 같은 모습이다. 또한 '예쁜 섬'이라는 그 이름만큼이나 아름다웠다. 보로메오 가문은 물 위에 솟아 있는 불모의 바위산과 작은 어촌 마을이었던 섬을 찬란하고 아름다운 궁전과 정원으로 만들어 놓았다. 그리고 그들은 아직도 관리하고 있다. 이졸라 벨라의 정원은 노단식 정원으로 화려하게 장식되어 있는 바로크 양식의 진수를 보여주는 정원이었다.

1.5 자르디노 디 닌파

Giardino di Ninfa

요정들이 살고 있는 숲속 마을

닌파 정원(Giardino di Ninfa)은 로마에서 80㎞ 남서쪽에 위치한 이탈리아 중부 라치오주의 작은 마을에 있다. 마을은 레피니(Lepini) 산맥의 산기슭 호숫가에 자리 잡고 있다. 닌파는 이탈리아어로 고대 그리스 신화에 나오는 요정이란 뜻이다. 이들은 산과 강, 초원과 같은 자연에 깃들어 살면서 이를 수호하는 역할을 한다. 20세기 초, 카에타니(Caetani) 가문은 수 세기 동안 폐허로 남아 있던 중세 마을에 자연 풍경식 정원을 조성하였다. 이곳은 유럽에서 가장 낭만적인 정원으로 손꼽히고 있다.

중세에 닌파 마을은 로마에서 나폴리로 가는 길에 쉬어갈 수 있는 곳이었다. 건조하고 메마른 레피니 구릉 지역에 계곡이 있고 시냇물이 흐르는 마을은 오아시스 같은 곳이었다. 이곳은 8세기에 로마 교황청 소속이었으나, 11세기부터 귀족이나 이 지역 추기경이 소유하게 되었다.

1298년 카에타니 가문은 이곳을 인수하였다. 하지만 1382년 경쟁 관계였던 가문에 의해 마을이 초토화되고 말라리아의 확산으로 주민들이 모두 떠나 유령의 마을이 되었다. 이후 1800년대 말, 카에타니 가문은 닌파로 돌아왔다.

그리고 1920년대 초, 겔라시오 카에타니(Gelasio Caetani)는 어머니 에이다(Ada)와 함께 폐허와 같았던 마을을 정리하기 시작하였다. 잡목과 가시덤불을 깨끗이 치우고 마을에 남아 있는 건물을 복원하여 별장으로 사용하였다. 정원은 영국 출신인 어머니의 영향으로 자연스러운 풍경식 양식으로 만들며 편백나무, 호랑가시나무, 산겨릅나무 그리고 다양한 장미를 식재하였다.

그 후 가문의 마지막 상속녀 레리아 카에타니(Lelia Caetani)는 화가로 감수성이 풍부한 사람이었다. 그녀는 자연스러움을 추구하며 닌파 정원을 더욱 회화적으로 표현하였다. 또한 자연주의자로 화학 제초제의 사용을 금지하였다. 그리고 그녀는 세상을 떠나기 5년 전인 1972년, 부친 로프레도 공작의 이름을 딴 로프레도 카에타니 재단(Fondazione Roffredo Caetani)을 설립하여 닌파 정원과 인근에 있는 세르모네타의 카에타니 성을 보존하게 하였다.

나는 로마에 숙소를 잡았는데 주차장에서 조금 문제가 있어 늦게 떠나게 되어 예약한 시간을 한참 지나서 도착하였다. 10시 예약이었는데, 혹시 멀리서 왔으니 봐줄지도 모른다는 희망으로 다음 그룹에 합류하려고 기다려 보았다.

그리고 시간이 되어 예약 표를 내보이니 검표원은 나를 보자 한쪽 눈을 찔끔 감으며 들어가라고 한다. 나의 경험으로 유럽에서는 알프스산맥 이남에 사는 스페인이나 이탈리아 사람들이 북쪽에 사는 사람들 보다 좀 더 여유가 있는 것 같았고 그 짐작이 들어맞았다.

닌파 정원은 봄, 여름에는 한 달에 서너 번 개장하고 겨울에는 개장하지 않는다. 그리고 가을에는 10월에 두 번, 11월에 한 번 개장한다. 이곳은 철저히 인터넷 예약제이며 안내인의 인솔 하에 30명씩 관람할 수 있었다.

입구는 여느 정원처럼 근사하게 정원 이름이 붙어 있는 것이 아니라 농장 울타리 정도의 간략한 출입구이었다. 안에서 정원 해설사가 우리를 기다리고 있다.

안으로 들어서니 마치 오래된 마을로 들어가는 분위기이다. 마을에는 시냇물이 흐르고 포장하지 않은 흙길이 자연스럽게 폐허의 유적들 사이로 부드러운 곡선을 만들고 있다. 길가에 특별히 장식적인 꽃이나 팻말 등이 있지 않았다.

이곳은 영국 출신인 어머니 에이다의 영향인지 영국의 자연 풍경식 정원에서 말하는 '자연은 직선을 싫어한다.' 라는 켄트의 생각을 실현한 것 같다. 정녕 닌파 정원에는 직선이 없는 것 같다.

정원 해설사는 간간이 이런저런 설명을 하며 앞장선다. 이탈리아어로 설명을 하고 있으니 이해하지 못하는 나로선 맨 뒤에서 어슬렁거릴 수밖에 없었다.

가다가 길가에서 아직 꽃이 몇 개 보이는 풍성하게 자라고 있는 무궁화를 만나 반가웠다. 아침에 숙소 앞에서 가로수로 교목처럼 키운 무궁화를 보았는데 우리나라보다 이탈리아 사람들이 무궁화를 더 좋아하나 보다. 그리고 일렬로 걸어야 하는 작은 돌다리가 나온다. 그 아래 흐르는 시냇물은 어릴 적 외할머니 댁 앞에 흐르던 개울을 닮은 것 같아 정겹다. 개울은 서너 단을 걸쳐 흐르고 나지막한 단차는 풍부한 수량으로 워터 커튼을 만들고 있다.

10월 하순인데 간간이 붉은색 덩굴장미가 폐허로 남겨진 건물의 벽을 타고 올라간다. 딱 한 송이라 더욱 빛난다. 정원의 길은 따로 포장을 하지 않았다. 흙바닥이나 잔디밭 사이로 걸어간다. 그리고 그 길은 회색빛을 띠는 초록 잎의 라벤더가 암시하고 있다. 아마 6월 말이나 7월, 보라색의 라벤더 꽃이 피면 이 꽃길은 그 꽃향기와 함께 환상적인 오솔길이 될 것 같다.

라벤더(Lavender)는 유럽에서 향기의 매력 때문에 옛날부터 널리 재배된 역사가 오랜 식물이다. 어원은 '씻다'라는 뜻의 라틴어 'Lavare'에서 유래하였다. 고대 그리스 시대에는 심신의 정화에 사용되었고 고대 로마 시대에는 목욕 시 방향제, 미용 향료로 이용되었다. 그리고 중세에 흑사병이 유행할 때, 라벤더 밭에서 일하는 농부들이 감염을 면하였다 하여 그 강한 살균성과 항균성이 알려졌다. 그 후, 프랑스에서는 전염병인 콜레라 대책에 사용하였고 제1차 세계대전 시에는 높은 살균력의 효력으로 병원에서 소독약으로 사용되었다고 한다.

즉 라벤더의 효능은 향기로울 뿐 아니라 기분을 좋게 하고, 폐렴균과 같은 바이러스를 살균하고 파리와 모기를 접근하지 못하게 하는 방충 효과도 있다. 그래서 라벤더는 말라리아로 폐허가 되었던 이 정원과 잘 어울리는 식물인 것 같다.

우리 일행은 폐허 된 교회 건물이 있는 곳에 다다랐다. 건물은 지붕이 없고 벽체만 남았다. 한 신사가 그곳에서 일행을 기다리고 있었다. 정원 해설사의 간단한 설명이 끝나자, 그는 긴 서사시를 읊고 있는 듯하다. 함께하는 일행들은 진지하게 듣고 있지만 나는 또다시 주변만 살핀다.

그리고 우리는 계속 숲속 작은 마을을 탐험하는 듯하더니 넓은 잔디밭이 펼쳐진다. 이번에는 맨발에 하얀 꽃의 화관을 쓴 여인이 노래를 불러준다. 오페라의 한 부분인지 이탈리아 가곡인지 모르겠다. 파란 하늘에 퍼지는 그녀의 목소리가 청아하다. 그리고 그녀의 모습이 마치 요정 같다.

그늘이 짙게 드리운 곳에 큰 나무가 쓰러져 있다. 일행은 그곳에서 잠시 쉬기로 하였다. 나무 둥치는 사람들이 걸 터 앉을 수 없을 정도의 크기이다. 수피에 이끼가 가득하고 그 위에 고비가 자란다. 고목에 걸쳐 있는 두 덩이의 반쯤 마른 수국은 흰 꽃의 화려함은 잃었지만 늦가을의 풍경을 만들고 있다.

그리고 한참을 지나 마을을 관통하는 조금 큰 개울이 나온다. 그곳에 도달하니 이번에는 젊은 남녀가 우리를 기다리고 있었다. 다시 해설사의 짧은 소개가 끝나자 그들은 한 토막의 연극을 시작한다. 내용이 무엇인지는 몰라도 젊은 여인은 남자와 몇 마디를 나누더니 돌아선다. 그리고 개울 위에 걸쳐 있는 다리를 건너서 그 끝에 걸 터 앉는다. 아마 연인의 사랑이 이루어지지 않는가 보다.

내 마음대로 연극을 해석하고 있다가 보니 마치 한 폭의 추상화를 감상하고 있는 느낌이다. 하지만 배경이 너무 포근하고 아름다워 연극은 해피 엔딩으로 끝날 것 같다. 나는 계속 그 개울을 따라 걸었다.

개울을 따라 몇 채의 건물이 나온다. 그곳은 지금도 카에타니 가문의 별장으로 사용되며 방문객에게는 개방하지 않지만 이곳이 아직도 마을이라는 것을 말해 주고 있다. 개울 수면에는 주변의 풍광이 그대로 반사된다.

정원을 나오니 점심시간이 훌쩍 지났다. 마을 숲 입구에 간단한 음식을 파는 곳이 있다. 메뉴는 한 가지 '폰티노의 도마'이다. 폰티노는 이 지방 이름이고 도마는 조리용 도구이지만 나에게는 메뉴로도 친숙하다. 유학 시절, 기숙사에서 독일 친구들은 작은 도마 위에 빵, 소시지 그리고 토마토를 올려놓고 저녁 상차림이라 하였다. 이번에는 조금 큰 도마에 햄, 살라미, 치즈, 올리브 등 풍성하고 맛깔스럽게 차려졌다. 야외에서 먹으니 더 맛있었다.

돌아오는 길에 닌파 정원을 생각하니 나에게 무언가 색다른 감동이 깊게 밀려온다. 카에타니 가문의 사람들은 폐허가 된 마을을 통째로 정원으로 만들었다. 그리고 지금은 그 안에 예술을 담고 있다. 딱딱한 공연장이나 책에 있는 시와 음악 그리고 연극이 닌파 정원에서는 자연과 함께 어우러져 있었다.

역시 르네상스가 싹텄다는 이탈리아에서는 지금 또 다른 정원의 모습이 싹트고 있는 듯하다. 오늘, 나는 이탈리아의 역사 정원을 구경한 것이 아니라 이탈리아의 새로운 정원 문화를 보고 나오는 느낌이다.

정원의 역할

정원의 역할은 정원이란 글자 안에 있다. 이를 이해하려면 우선 한자의 정원(庭園)을 찾아야 한다. 그 정원의 어원은 설문해자(說文解字: 중국 후한 시대에 허신이 만든 문자 해설서)에서 볼 수 있다. 정(庭)은 정궁중야(廷宮中也)라고 하여 궁중(宮中)을 뜻하는 정(廷)에다 지붕을 뜻하는 엄(广)이 씌워졌다. 원(園)은 과일이나 장식이 주렁주렁 매달려 있는 모습인 원(袁)에다 울타리를 뜻하는 囗를 둘렀다. 그리고 두 글자를 합한 庭園은 〈說文解字〉에서 '과일과 채소들을 심는 장소이며 그리하여 경계와 울타리가 있는 곳(種植果蔬等之場所 而有藩籬者)'이라고 설명하고 있다.

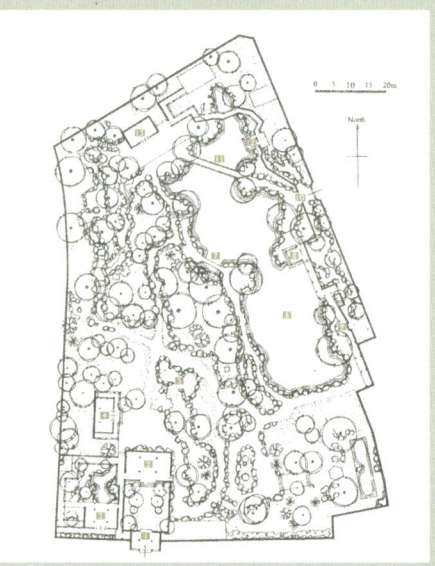

또한 영어 garden의 어원은 garda-와 -ine 합성어이다. garda- 는 고대 프랑코니아어에서 울타리, 둘러싸인 장소였으며 -ine는 라틴어에서 소유권과의 관계를 뜻하는 접미사이다. 라틴어에서 파생된 유럽 국가 언어로는 Garten(독일), jardin(프랑스), giardino(이탈리아) 그리고 jardin(스페인)으로 표기하고 있다.

동서양을 막론하고 정원은 울타리로 둘러싸여 있는 대지에 인간이 인간을 위한 유용한 공간을 만들어 놓은 곳이다. 그리고 정원의 역할은 시대의 흐름 속에서 그 유용함의 목적에 따라 변화하게 되었다.

즉 정원의 역할은 촌락이나 부족등 공동체 생활 속에서 가축을 사육하는 장소로 시작하여 왕이나 귀족들을 위한 과수원 및 수렵원으로 발전하였다. 그리고 시대가 변하면서 정원은 실용 목적에서 벗어나 토지의 일부를 장식적으로 구획하여 보고 즐기기 위한 관상의 목적이 되었다. 이러한 관상의 목적은 부를 상징하거나 권력을 상징하기도 하고 때로는 종교 철학을 상징하기도 하였다.

부의 상징으로는 이탈리아 티볼리에 있는 데스테 추기경이 만든 빌라 데스테의 정원이나 중국의 쑤저우에 명나라 부호인 왕헌신이 조성한 졸정원이 있으며 종교 철학의 상징은 15세기 일본 교토에 조성되어 선종 사상을 담고 있는 료안지의 정원이 있다. 또한 권력의 상징으로는 17세기 절대 왕권의 상징인 루이 14세가 조성한 파리 근교에 있는 베르사유 궁전의 정원을 들 수 있다.

즉, 정원은 오랫동안 특권계층이나 부유한 사람들의 독점물이었다. 하지만 18세기 시민혁명과 산업혁명으로 중산층이 형성되며 이들이 정원을 갖게 된다. 또한 일반 서민들도 주택에 작은 정원을 꾸미며 즐길 수 있게 되었다. 그리고 정원 가꾸기는 많은 사람들에게 새로운 취미생활이 되었다.

그리고 19세기에 들어와 정원은 일부 특권층이나 개인만을 위한 것이 아니라 여러 사람들이 함께 공유할 수 있는 공원이라는 새로운 개념이 생겼다.

공원은 1830년대 영국에서 왕이나 귀족들이 소유하던 수렵장이나 대규모의 정원이 일반 대중에게 개방되면서 시작하였다. 현재 런던에만 10개의 왕립 공원이 있다. 이 영향은 점차적으로 유럽 전체로 확대되었다. 프랑스 파리의 부아드 불로뉴, 퐁텐블로 등이 있으며 오스트리아 빈의 프라터 공원, 독일 베를린의 티어 가르텐 등이 공원화 된 사례이다.

또한 산업혁명 이후, 도시의 인구 집중과 이에 따른 환경오염의 발생으로 시민들은 깨끗한 공기와 푸른 녹지의 중요성을 인식하게 되었다. 그리고 시민들에게 쾌적한 자연환경을 제공할 수 있는 도시 공원이 계획되기 시작한다. 대표적인 도시 공원은 미국 뉴욕시 맨해튼에 있는 센트럴 파크(Central Park)이다.

이 후 다른 여러 나라에서도 도시의 내부 또는 도시 주변에 시민들을 위한 공원을 조성하게 되었다. 우리나라는 1967년 공원법이 만들어 지면서 적극적으로 시행되었다. 즉 정원은 일반인이 주택에 꾸미는 개인 정원과 시민들을 위한 공공의 정원인 공원으로 발전하였다.

인간은 예로부터 자연과 함께하며 고요하고 평화로운 분위기 속에서 심리적인 안정을 찾으려는 경향이 있다. 결국 정원의 역할은 인간이 만들어낸 자연환경 속에서 식물을 심고 가꾸며 자연의 질서와 그 아름다움을 느끼게 하는 것이며 도시 생활에 지친 사람들이 수풀이 우거진 공원에서 산책과 휴식을 즐기게 하는 것이다. 즉, 오늘날 정원은 힐링을 추구하는 현대인들에게 심리적 안정을 이루어 몸과 마음을 치유할 수 있는 중요한 역할을 하고 있다.

프랑스

2.1 프랑스 정원의 발달

2.2 보 르 비콩트 성
   Château de Vaux-le-Vicomte

2.3 빌랑드르 성
   Château de Villandry

2.4 빌라 로스차일드
   Villa de Rothschild

2.1 프랑스 정원의 발달

    프랑스의 정원은 17세기에 이탈리아에서 시작한 르네상스 정원의 영향을 받는다. 15세기 후반부터 16세기에 걸쳐 이탈리아 지배를 둘러싸고 신성로마제국(독일)과 4차례의 전쟁을 치르면서 프랑스의 왕과 귀족들은 그곳으로 원정을 떠났다. 이들은 전쟁에서 이탈리아의 정복에는 실패하였으나 르네상스의 문화와 예술 그리고 이탈리아의 정원을 받아들인다.

    프랑수아(François) 1세는 이탈리아의 예술가와 장인들을 직접 데려와 파리 남쪽에 있는 퐁텐블로(Fontainebleau) 궁전을 조성하였다. 또한 이탈리아 출신이며 앙리 2세(Henri II)의 왕비인 카트린 드 메디치(Catherine de Medici)는 튈르리 궁전(Le palais des Tuileries)의 정원을 확장하며 이탈리아 정원 양식을 들여온다.

    이러한 과정에서 이탈리아의 구릉이나 산간 지형에 테라스를 이용한 노단식 정원은 프랑스의 평탄한 지형에 맞게 재구성되어 평면기하학식 정원 양식(Plane Geometrical Style)으로 발전하게 된다.

    이 정원 양식은 이탈리아 정원과 마찬가지로 건물을 중심으로 정원의 중앙을 꿰뚫는 힘 있는 축을 두어 좌우대칭으로 조성한다. 그리고 멀리까지 한눈에 볼 수 있는 비스타(Vista)를 형성하고 그 끝부분에 양옆으로 숲이 깊숙하게 언덕을 이루며 지평선이 보이도록 조성하였다. 이러한 구성은 좌우대칭의 기하학적 구도로 명확하게 공간을 구분하여 정원 전체에 질서와 통일감을 느끼게 만든다. 그리고 성 앞으로 자수화단 · 잔디 · 연못 · 분수 등이 차례로 펼쳐진다.

    이 중에 자수 화단(Parterre)은 프랑스 정원 양식의 대표적인 특징 중에 하나이다. 넓은 자수 화단은 건물의 연장으로 생각하였고 저택의 테라스 또는 중요한 방에서 직접 화단을 볼 수 있게 하였다. 자수화단은 화려하고 아름다운 선과

면으로 기하학적 문양을 표현한다. 선은 키 작은 회양목이나 눈주목을 띠 모양으로 촘촘히 식재하여 초록의 선으로 정교하게 문양을 그린다. 선으로 그린 문양 이외의 바탕 면은 작은 돌조각을 깔아 문양이 더욱 선명하게 보이도록 하였다.

프랑스의 평면기하학식 정원을 완성시킨 정원사는 앙드레 르 노트르(André Le Nôtre)이다. 그는 1661년 보 르 비꽁트 성(Château de Vaux-le-Vicomte)의 정원을 완성하고 그 후, 루이 14세의 요청으로 화려하고 광대한 파리의 베르사유 궁전(Château de Versailles)의 정원을 조성하였다.

베르사유 궁전의 정원에는 왕의 위엄과 권위가 표현되었다. 그리고 유럽의 많은 귀족이나 왕들은 자신도 그런 정원을 갖기 원했다. 러시아의 표트르 대제는 상트 페테르부르크(St. Petersburg)의 여름궁전을, 스페인의 펠리페 5세는 마드리드 인근에 있는 라 그랑하 왕궁(Palacio Real de La Granja) 그리고 독일 하노버의 헤렌호이져(Herrenhauser) 등에 평면기하학식 정원이 조성되었다. 그리고 이 정원 양식은 유럽 전역으로 퍼지게 되었다.

2.2 보 르 비콩트 성

Château de Vaux-le-Vicomte

위엄과 권위를 펼쳐 놓은 정원

보 르 비콩트(Vaux-le-Vicomte) 성은 17세기 중반에 지어진 화려한 건축물이다. 이곳에 이탈리아 르네상스 정원의 영향을 받아 프랑스에서 평면 기하학식 정원을 완성시킨 대표적인 정원이 있다. 이곳은 프랑스 파리에서 남동쪽으로 55km 정도 떨어진 센 에 마른(Seine et Marne) 지구의 맹시(Maincy)에 위치하고 있다. 정원 디자인은 프랑스 정원 예술을 대표하는 정원사 앙드레 르 노트르(André Le Nôtre)가 맡았다. 그리고 이 정원은 후에 루이 14세(Louis XIV)가 파리 근교 베르사유 지역에 만든 베르사유 궁(Château de Versailles)의 모델이 된다.

보르 비콩트 성은 17세기 중반 루이 14세가 통치하던 시기에 재무상을 지내던 니콜라 푸케(Nicolas Fouquet)가 만든 곳이다. 그는 믈룅(Melun)과 보(Vaux)의 자작(Vicomte)이란 칭호를 가지고 있었기 때문에 이 성의 이름은 보 르 비콩트 성(Château de Vaux-le-Vicomte)으로 불렸다.

니콜라 푸케는 1641년 작은 성을 구입하여 건축가 루이 르 보(Louis Le Vau)에게 전체적인 설계를 맡겼고 내부는 당대 유명한 화가이자 예술가이었던 샤를 르 브룅(Charles Le Brun)에게 벽화, 천장화, 장식, 조각 등을 맡겼다. 그리고 정원은 앙드레 르 노트르(André Le Nôtre)에게 의뢰하였다.

보 르 비콩트의 공사는 1661년 완성되었다. 니콜라 푸케는 이를 축하하기 위해 성대한 축하연을 열면서 당시 프랑스의 국왕 루이 14세를 초대하였다. 축하연에 참석한 왕은 자신보다 더 호화로운 궁과 정원을 소유한 푸케가 내심 못 마땅하였다. 이를 눈치챈 신하들은 푸케를 모함하였고 푸케는 여러 이유로 체포되어 종신형과 재산몰수를 선고받는다. 그 후, 그는 보 르 비콩트 성에 돌아 올 수 없었으며 20년 동안 감옥에 갇혀 있다가 옥사하였다.

그리고 1668 년 루이 14세는 보 르 비콩트를 완성한 세 사람, 루이 르 보, 샤를 르 브룅 그리고 앙드레 르 노트르를 불러 26년에 걸쳐 100만평의 대지에 그 유명한 평면 기하학식 정원인 베르사유 궁과 정원을 조성하게 된다.

나는 보 르 비콩트 성에 도착하였다. 정면에 보이는 웅장한 성의 모습은 아무리 귀족이라도 개인의 주택으로는 너무 큰 것 같다. 입구는 정문 옆에 있는 작은 문으로 들어간다. 먼저 사각의 넓은 잔디밭이 나오고 그 주위를 둘러싼 마구간 건물이 있다. 잔디밭을 지나 사각의 연못 안에 성이 있다. 이 연못을 해자라 하며 해자를 건너 성으로 들어갈 수 있다. 해자는 성 주위에 인공으로 땅을 파서 넓은 고랑을 내거나 연못을 두어 적의 접근을 막는 성곽시설이다.

나는 해자를 돌아 성 앞으로 나왔다. 광활한 정원은 막힘없이 저 멀리 언덕까지 아득히 펼쳐지는 풍경이다.

정원사 앙드레 르 노트르의 스케일이 느껴진다. 르 노트르는 할아버지(Pierre Le Nôtre)와 아버지(Jean Le Nôtre)가 대대로 튈르리(Tuileries) 궁전의 정원사인 집안에서 태어난다. 그는 루이 13세의 궁중 화가인 시몬 보에(Simon Vouet) 화실에서 미술을 공부하고, 거기서 르 브렁(Charles Le Brun)을 만나고 프랑스와 만자르(François Mansart) 밑에서 건축 공부를 하게 된다. 아버지는 아들이 자신의 뒤를 이어 정원사가 되기보다는 건축가가 되기를 바랐다고 한다.

그러나 르 노트르는 이탈리아 여행 후, 화가나 건축가보다 정원사가 되기로 결심한다. 1637년 아버지의 뒤를 이어 튈르리궁의 궁전 정원사가 되고 퐁텐블로(Fontainbleau)를 아름다운 정원으로 개조하면서 명성을 떨치기 시작한다. 그는 1658년 니콜라 푸케의 부름을 받아 이 정원을 완성 하였다.

그리고 그는 베르사유 궁의 정원을 비롯하여 생 제르망앙레 성, 소 성 등 왕실 별궁과 대저택의 정원들을 조성하기 시작하였다. 르 노트르는 프랑스에서 '정원사의 왕이며 왕의 정원사(Roi des jardiniers et jardinier du roi.)'로 불리며 프랑스의 평면기하학식 정원 양식을 완성시킨 정원사이다.

성 앞에 서니, 보르 비콩트의 정원을 한 눈에 읽을 수 있다. 대지는 정확하게 양쪽으로 대칭을 이루고 있다. 시선은 성을 중심으로 또는 기점으로 정원의 중앙을 꿰뚫으며 멀리까지 날아간다. 그 시선의 축은 똑바로 연장되어 깊숙하게 맞은 편 언덕까지 닿는데 거의 1.6km 정도의 거리라고 한다. 그 사이, 그 축선을 중심으로 좌우대칭으로 자수화단, 분수, 잔디밭, 연못, 운하 등이 차례로 펼쳐진다. 그리고 저 멀리 지평선이 보이는 언덕이 있다. 언덕의 양쪽으로 진한 초록의 수림대가 있어 더욱 뚜렷하게 광대한 정원의 배경을 만들어 내고 있다.

나는 성의 정면에 있는 테라스에서 계단을 내려와 천천히 정원을 걷기 시작하였다.

우선 자수화단(Parterre de Broderie)이 화려하다. 꽃으로 화려한 것이 아니라 문양을 넣어 화려하다. 부드러운 곡선으로 만든 문양은 정확하게 대칭의 모습으로 펼쳐진다. 평평한 화단에 벽돌색의 쇄석을 깔고 키 작은 상록수인 회양목으로 패턴을 만들어 마치 대지에 카펫을 깔아 놓은 듯, 폭신하고 부드러운 모습이다.

그리고 왼쪽으로 넓은 잔디밭에 수반(Bassin de la Couronne)이 있고 가운데에 금장식의 왕관이 있다. 지금은 분수가 나오지 않지만 안내서 사진에는 왕관에서 여러 물줄기가 힘차게 뿜어 올라 수반에 큰 원형을 그리고 있다. 어쩜 이 왕관의 분수가 루이 14세의 마음을 상하게 하지 않았을지 혼자 생각해 본다.

정원은 걸어도 걸어도 끝이 없을 만큼 아득하다. 통로는 유난히 넓고 화단의 문양도 잘 보이지 않는다. 그 옛날 정원 주인들은 말이나 마차를 타고 다녔을 테니 좀 더 높은 위치에서 화단의 문양도 즐기며 편하게 움직였을 것이다.

긴 자수화단을 지나면 정원의 축선 상에 원형의 연못(Grilles d'eau)이 있다. 연못 가운데 높이 쏘아 올리는 분수가 있고 수반은 지면과 비슷한 높이에 있어 시각적으로 거침이 없다. 그 양쪽에 또 다시 넓은 잔디밭이다. 잔디밭 안에 트리톤 조각이 있는 수반(Bassins des Tritons)이 있다. 트리톤은 그리스 신화에 나오는 사람 얼굴에 물고기 몸을 한 바다의 신이다.

그리고 다시 축선 상에 넓은 사각형의 연못(Miroir d'eau)이다. 수반에 분수를 설치하지 않아 잔잔한 수면을 유지하고 있다. 그 수면 위에 주변의 풍광을 담고 있어 정원을 더 넓게 느끼게 한다. 이런 연못은 반사 연못 또는 거울 연못이라고 하며 현대 조경 디자인에도 많이 응용되고 있다.

이 연못을 지나면 4~5m 정도의 높이차가 나면서 그 아래로 길게 폭넓은 운하(Grand Canal)가 있다. 거의 1km에 가까운 긴 운하는 축의 가로 방향으로 놓여 있다. 이는 넓은 부지의 배수를 고려하여 조성하였다. 또한 이곳은 연회 때에는 수변에서 악사들의 연주가 있어 뱃놀이를 즐겼다고 한다. 그 로맨틱하고 화려한 장면을 충분히 상상할 수 있다.

또한 단차를 이용하여 벽천(Grandes Cascades)을 만들었다. 벽에 조개 모양의 수반이 크기 별로 붙어 있고 단계적으로 수반에서 물이 넘쳐 아래에 있는 연못으로 떨어진다. 오늘은 아쉽게도 다단의 작은 폭포들을 볼 수 없었다. 이 벽천은 성의 테라스나 자수화단이 있는 곳에서는 보이지 않는 위치이다.

운하 건너 벽천분수와 마주보는 위치에 그로토(Grottes)가 보인다. 그리고 그 너머 잔디 언덕에 헤라클레스 조각상(Hercule Farnese)이 서있다. 그곳으로 가려면 운하 끝으로 돌아가야 하니 족히 1km 이상을 걸어야 할 것 같다.

긴 여정의 끝자락에 잔디 언덕에 앉았다. 나는 시선 아래로 성과 정원을 한눈에 내려다볼 수 있다. 그리고 멀리 아주 작게 보이는 사람들의 모습이 이 정원의 크기를 말해 준다. 여러 번 왔지만 나는 이 푸른 언덕, 헤라클레스 동상 옆에 빗겨 앉아 정원을 바라보며 오랜 시간을 보내곤 한다.

나는 개인적으로 이 정원을 베르사유 성의 정원보다 더 좋아한다. 물론 베르사유 성의 정원이 프랑스의 역사 정원으로 더 중요하겠지만 그 규모가 휴먼 스케일을 넘는 것 같다. 보 르 비콩트의 성은 건축물이 전체 구성의 일부가 되고 정원은 사람을 지배하거나 성을 압도하는 느낌이 들지 않는다. 큰 규모이기는 하나 성과 정원의 조화가 잘 이루어져 위압적이지는 않은 것 같다.

그런데 오늘은 잠시 엉뚱한 생각이 든다. 니콜라 푸케보다 내가 더 이 웅장한 정원을 즐기고 있는 것 같다. 그의 부정 축재나 권력의 과시는 프랑스 역사 속의 이야기이니 나와는 관련이 없는 것 같고 단지 나는 이 정원을 바라보고 있자니 니콜라 푸케가 짠하게 느껴진다.

2.3 빌랑드르 성

Château de Villandry

세상에서 가장 아름다운 텃밭

    빌랑드르 성(Château de Villandry)은 세상에서 가장 아름다운 텃밭을 갖고 있는 성이다. 이곳은 파리에서 남서쪽으로 270km 쯤 떨어진 곳이며 프랑스 중부의 상트루(Centre)주 루아르 강변의 루아르 계곡(Vallée de la Loire)에 있다. 이 계곡은 강 주위에 녹음이 우거진 언덕과 풍요로운 들판이 있는 등 천혜의 자연조건을 갖추고 있어 예로부터 '프랑스의 정원'이라 불리던 지역이다. 대서양으로 흐르는 루아르 강을 따라 오를레앙, 투르, 르망, 낭트 등 유서 깊은 도시들이 자리하고 있다.

빌랑드르 성은 1536년 프랑수와 1세의 재무장관인 장 르 브레통(Jean Le Breton)이 중세의 고성을 구입하여 성으로 건설하였다. 그리고 1754년 카스텔레인(Castellane) 후작이 인수하여 현재 있는 대부분의 건축물이 지어졌다.

현재의 정원은 1906년 이 성을 구입한 요힘 카르발로(Joachim Carvallo)가 새롭게 조성하였다. 지금도 그의 증손자 헨리 카르발로(Henri Carvallo)가 이 성에 살고 있으며 고성과 정원의 유지 관리를 직접 하고 있다. 이 성은 2000년에 루아르 계곡과 그 주위의 80여 개의 고성들과 함께 세계문화유산으로 등록되었다.

나는 라벤더가 한창인 한 여름 7월에 이곳을 방문하였다 그리고 몇 년 후 봄이 거의 끝날 무렵인 5월 말에 다시 방문하게 되었다. 계절의 차이는 텃밭에 있는 채소에서 그리고 자수화단 안쪽에 심은 꽃들에게서 느낄 수 있었다.

이성은 약 70,000㎡ 정도의 경사진 부지에 펼쳐진다. 안내서에 있는 부지 전체 모습을 보니 성이나 저택을 중심에 두고 그 앞으로 정원이 펼쳐지는 프랑스의 평면 기하학식 정원 양식과는 조금 다르다. 빌랑드르 성의 정원은 성의 우측으로 개별적인 축을 만들고 있다. 그리고 마치 이탈리아 르네상스 양식의 노단식 정원처럼 단을 두었다. 맨 위단에 있는 큰 연못과 수로를 중심으로 축이 형성되며 그 아래로 화단과 텃밭이 연결된다. 즉, 경사진 부지의 맨 위쪽부터 물의 정원(Le Jardin d'Eau), 장식 정원(Le Jardin d'Ornement) 그리고 채소원(Le Potager) 순으로 크게 3 구역으로 나누어져 있다.

입구에 들어서니 바로 성이 나온다. 일단 나는 높은 곳에 올라가 정원의 전체적인 모습을 보고 싶었다. 성으로 들어가 3층으로 올라갔다. 창을 통해 정원을 바라보니 역시 채소원이 정면으로 보인다. 채소원은 마치 꽃으로 가득한 화단의 모습이다. 정녕 채소원이 주인공인 정원이다. 성의 3층에서 밖으로 나갈 수 있고 정원의 가장 높은 단에 있는 물의 정원과 연결된다.

물의 정원은 중앙에 잔잔하게 주변의 풍광을 반사하는 큰 연못이 있다. 좌우에 있는 잔디밭이 넓은 연못과 어우러져 평온함을 더한다. 각 잔디밭은 십자로 4등분 되었고 그 가운데 작은 연못에서 높지 않은 분수가 올라온다. 멀리서 아랫단으로 떨어지는 물소리가 은은하게 들린다. 오래된 플라타너스 나무 그늘 아래 벤치가 보인다. 나는 그곳으로 가서 잠시 쉬기로 하였다. 앞에 펼쳐지는 거울 같은 수면과 주위의 넉넉한 잔디밭이 나의 마음을 시원스럽게 열어 주는 것 같다. 굳이 명상을 하지 않더라도 그냥 여기 앉아 있으면 아무 생각 없이 한참을 앉아 있을 수 있을 것 같다.

물의 정원에서 흐르는 수로를 중심으로 양쪽에 장식 화단이 있다. 좌우로 제1 장식 정원(Le jardin d'Ornement, premier salon)과 제2 장식 정원(Le jardin d'Ornement, deuxième salon)이다. 장식 정원은 키 작은 상록수 위주로 화단에 문양을 넣은 자수화단에 꽃이나 토피어리로 장식을 한 정원이다.

장식 정원은 물의 정원과 4~5m 단차가 있어 위에서 전체 문양을 한눈에 내려다볼 수 있다. 게다가 길게 라임나무 가로수와 난간이 있다. 그 그늘 아래에서 난간에 기대어 아래를 내려다보니 각각의 문양이 더욱 선명하게 보인다.

제1 장식 정원은 스페인 미술가 로자노(Lozano)가 디자인하였으며 자수화단의 기본 문양은 사랑을 테마로 디자인하여 일명 사랑의 정원(Le Jardin d'Amour)이라고 한다. 그 문양은 부드러운 사랑(Tender love), 열정적인 사랑(Passionate love), 격렬한 사랑(Fighty love) 그리고 비극적 사랑(Tragic love)을 표현한 것이다. 수로를 따라 걷는 길에 포도나무의 그늘시렁이 상큼하다. 그 아래 단인 장식 정원 쪽으로 풍성한 라임나무가 길고 진한 그늘을 만들며 평평한 기하학식 정원에 볼륨감을 주고 있다.

제2 장식 정원은 카르발로 박사가 직접 디자인 했다고 하며 화단의 문양은 하프 모습을 표현하였다. 초록색 라인의 문양 사이에 연보라색과 진한 보라색의 색채의 조화가 환상적이다. 연보라색의 러시안 세이지 꽃은 파스텔 톤의 아련함과 뭉게뭉게 피어오르는 볼륨감으로 마치 보라색 물안개가 퍼지는 듯하다. 꽃은 그 향기를 바람에 실어 달콤하게 퍼트린다.

나는 그 구름처럼 피어오르는 황홀한 광경을 한참 동안을 내려다볼 수밖에 없었다. 보랏빛 물결로 바람에 흔들리는 러시안 세이지와 라벤더를 선택한 정원사와 사랑의 감정을 문양으로 디자인한 카르발로 박사의 시간을 초월한 어울림이 긴 여운을 남긴다. 마치 땅 위에 수채화 물감으로 그린 한 폭의 그림이다.

그리고 맨 아래 단에 성이 있으며 채소원(Vegetable Garden)이 넓게 자리한다. 채소의 베지터블(vegetable)은 '생명을 주다' 혹은 '생기를 돋우다' 라는 뜻의 라틴어 베게레(vegere)에서 유래한 말이다. 다시 말해서 채소는 인간의 생명에 건강하고 활기찬 생기를 돋우어 주는 것이다.

채소원의 역사는 옛날부터 주거생활에 함께 하였을 것 같으니 아주 오래되었음이 분명하다. 내가 알고 있기로는 고대 로마시대에 상류층의 주택인 도무스(Domus)에 있었다. 이 주택의 후원에 유실수를 키우던 호르투스(hortus)가 있다고 하니 아마 그곳에 작은 채소원도 있었을 것 같다.

그리고 중세 유럽의 수도원에서도 채소원을 볼 수 있다. 수도원은 기독교 생활의 중심지이며 하나의 독립된 공동체이었다. 그리고 그곳에서 필요한 모든 물자를 자급자족하던 곳이다. 그래서 수도원에는 채소원(Kitchen garden), 약초원(Physic garden), 묘원(Cemetery)이 발달하게 되었다.

이곳의 채소원은 직선과 정사각형을 이용한 기하학적 문양으로 구성되어 있다. 화단은 같은 크기의 정사각형 9개로 되어있다. 가로로 3줄 그리고 세로로 3줄씩 정렬되어 있어 전체적으로 다시 큰 사각형을 만들고 있다. 각각의 화단은 그 안에 여

러 종류의 채소를 심어 잎의 색깔과 질감 등을 이용하여 다양하게 디자인되어 있다. 진홍색 줄기의 적근대, 회색빛을 띠는 초록 잎의 양배추, 연두색 가는 잎의 당근, 진한 보라색 줄기의 가지 등으로 정갈하게 배치되어 있다.

  그리고 4개의 화단이 만나는 곳에 각각 분수대를 가운데 배치하여 총 4개의 분수대가 있다. 분수대 주위의 화단 모서리에는 1/4구의 형태로 덩굴장미가 올라가는 퍼고라가 있다. 이는 수직적인 요소로써 평평한 채소원에 변화를 주었다. 그 안의 벤치는 방문객뿐만 아니라 이곳의 정원사들에게도 매우 유용해 보인다. 또한 주변에 있는 장미는 채소원에 자주 등장하는 정원수이다. 장미의 생육에 필요한 토양, 일조량 그리고 급수량이 채소원의 조건과 흡사하다. 그래서 채소원 주변에 장미가 잘 자라면 채소도 잘 된다고 한다.

이곳은 19세기 초, 당시 유행하던 영국풍의 자연 풍경식 정원으로 바뀌었다가 카르발로 박사가 인수하면서 르네상스 양식으로 복원되어 그 형태를 되찾은 곳이다.

　그는 기하학식 정원에 꽃 대신 세상에서 가장 아름다운 채소밭을 만들고 싶었고 지금 그의 후손들은 그 아름다움을 지켜나가고 있다. 더욱이 그는 2009년부터 채소원을 유기농 농법으로 경작하기로 한다.

　그가 고집하는 유기농 농법은 화학 비료를 쓰지 않으며 농기구도 가능하면 옛 것을 사용하려 한다. 씨와 모종도 되도록이면 유기농 제품으로 심는다. 이런 방법으로 정원을 관리하려니 당연히 일이 많아졌다. 지금은 카르발로 가족 이외에도 9명의 전문 정원사와 서너 명의 실습생이 함께 일하고 있다.

　이 채소원에서 생산되는 채소는 카르발로 가족과 정원사들이 나누며 외부로 팔지는 않는다. 간혹 수확하는 날, 남는 채소가 있으면 방문한 방문객에게 무료로 나누어 주기도 한다고 한다. 나도 세계에서 가장 아름다운 채소원에서 자란 채소를 먹어 보고 싶지만 아쉽게도 번번이 시간을 맞추지 못한다.

　오늘은 정원사들이 장식 정원에 다양한 모종을 심고 있다. 그리고 긴 톱으로 토피어리를 다듬고 있는 젊은 정원사는 역사 정원을 완성하고 있다.

2.4 빌라 로스차일드

Villa de Rothschild

정원에 있는 지중해의 푸른바다

빌라 드 로스차일드(Villa de Rothschild)는 프랑스 남부 지중해의 코트 다주르 (Côte d'Azur) 해안에 있다. 이 해안은 툴롱(Toulon)에서 이탈리아 국경선 부근의 망통(Menton)까지 길게 이어진다. 해안을 따라 칸(Canne), 니스(Nice) 그리고 모나코 (Monaco)와 같은 유명한 휴양도시들이 있다. 이 지역은 연평균 기온이 15℃ 정도로 연중 온난하며 풍광이 아름다워 예술가들의 작업실이나 북유럽 부호들의 겨울 별장이 많은 곳이다. 이곳에 로스차일드(Rothschild) 가문의 저택과 정원이 있다.

이 저택과 정원은 베아트리스 드 로스차일드(Beatrice de Rothschild)에 의해 조성되었다. 로스차일드 가문은 독일 유대계(German Jews) 혈통으로 국제적 금융 재벌 가문이다. 18세기부터 유럽에 은행을 설립하고 철도 및 수에즈 운하와 같은 대단위 사업에 자본을 투자하여 성공하였다. 그리고 오스트리아와 영국 정부로부터 귀족 작위를 받았다.

베아트리스는 1864년 알폰 드 로스차일드(Alphone de Rothschild) 남작의 딸로 태어난다. 뛰어난 예술품 수집가인 아버지 밑에서 예술에 대한 안목을 높이며 성장하였다. 그리고 그녀는 19살에 모리스 에프뤼시(Maurice Ephrussi)와 결혼한다. 그러나 불행한 결혼 생활은 이혼으로 끝이 나고 1905년 아버지가 돌아가시면서 베아트리스는 엄청난 유산을 물려받는다. 뿐만 아니라 여자 남작(baroness)이라는 칭호까지 물려받는다.

많은 유산을 물려받은 베아트리스는 꿈의 저택을 짓기로 결심한다. 그녀는 지중해가 한눈에 내려다보이는 아름다운 풍광의 생 장 카프 페라 마을을 선택한다. 그녀가 첫눈에 반한 부지는 해안가에 바위가 많은 땅이었다. 주택은 몰라도 정원을 조성하기에는 쉽지 않은 곳이었다. 하지만 그녀는 1905년부터 1912년까지 7년에 걸쳐 바다를 향한 멋진 저택과 정원을 조성하였다. 그리고 1934년 그녀는 폐결핵으로 세상을 떠난다. 베아트리스는 이 저택과 정원을 그녀가 죽기 1년 전에 프랑스의 예술 학교(L'Académie des Beaux-arts)에 기증한다. 지금은 빌라 로스차일드 재단에서 운영하고 있다.

나는 니스에 숙소를 두었으니 빌라 드 로스차일드가 있는 생 장 카프 페라(Saint-Jean-Cap-Ferrat) 마을은 동쪽으로 10km 정도 떨어진 곳에 있다. 'Cap'은 '곶'이란 뜻으로 부리 모양의 육지가 바다 쪽으로 길고 삐죽하게 뻗어 있는 지형이다. 마을에서도 맨 끝에 지중해를 향해 빌라 드 로스차일드가 있다.

도착하니, 커다란 대문의 문주에 리마커블 자르뎅(Remarquable Jardin, 우수 정원) 표시가 붙어 있다. 이는 프랑스 정부에서 인증하는 아름다운 정원이란 뜻이다. 프랑스는 공원, 식물원, 수목원 및 개인정원을 대상으로 일정한 요건을 갖추면 우수 정원이라는 명칭을 허가해 준다. 이는 국가 차원에서 문화적, 미적, 역사적 그리고 식물학적 가치가 있는 정원으로 인정하여 특별한 관리나 보존을 받을 수 있게 하는 것이다. 그리고 프랑스는 국민들에게 바람직한 정원을 제시하여 프랑스의 정원 문화를 계승할 수 있도록 하고 있다.

　저택은 분홍색 건물에 흰색의 창틀로 마치 핑크색을 좋아하는 어린 소녀를 만나는 느낌이다. 안으로 들어서니 넓은 홀이 나온다. 파티오(Patio)이다. 주변에 회랑이 있고 여러 개의 방으로 연결된다. 예술 애호가이자 수집가였던 베아트리스가 모은 진귀한 그림, 도자기, 가구들이 방방마다 전시되어 있다. 그녀의 침실은 온통 하얀색이다. 하얀 침대, 레이스가 달린 하얀 드레스 그리고 하얀 장갑 등이 있다. 그리고 거실에는 애완견을 위한 의자가 인상적이다.

　2층으로 올라가니 도자기를 전시하는 방이 있다. 마이센(Meissen) 도자기이다. 푸른색 문양으로 유명한 마이센 도자기는 유럽의 명품 자기 브랜드이다. 16세기 말 유럽으로 전파된 중국의 도자기에 매료된 유럽의 귀족과 왕실 사람들은

'시누아즈리(chinoiserie, 중국적 취향)'에 빠져 열광했지만 자기 그릇을 만들지는 못했다. 그러다 1709년 독일 드레스덴 북쪽의 작은 마을 마이센에서 유럽 최초로 백색자기를 만들어내면서 왕립 자기제작소인 마이센이 시작된다. 마이센은 지금도 장인들의 손으로 완성하는 핸드 페인팅을 고수하고 있다고 한다. 아직도 로코코풍의 정교한 디자인과 화려한 색상으로 호화로운 식기, 꽃병, 도자기 꽃과 인형 등을 제작하여 유럽인의 사랑을 받고 있다.
　2층 로지아(loggia: 한쪽 벽이 외부로 열려 있는 복도 모양의 방)로 나갔다. 정원과 지중해가 한 눈에 들어온다. 나는 마치 바다에 떠있는 배의 갑판에 올라 선 듯하다. 우선 양쪽에 바다가 펼쳐져 배경을 만들고 있으니 여느 정원과는 또 다른 맛이다. 정원은 평면 기하학식의 전형적인 프랑스 양식의 정원이다. 화단, 긴 수로, 캐스케이드가 정확하게 대칭으로 자리한다. 그리고 저 멀리 시선의 끝에 가제보(Gazebo)가 정원보다 높은 위치에 자리한다.

　그 사이, 중앙 연못에 있는 분수가 리듬을 타고 있다. 가만히 들어보니 음악분수이다. 음악분수는 단순히 위로 쏘아 올리는 일반 분수와는 달리 음악에 맞추어 물의 분출을 제어하며 작동된다. 이는 특수한 모양의 노즐이나 노즐을 움직이게 하여 다양한 물 모양을 연출하는 것이다. 더욱 화려하게 보이기 위해서 조명이나 레이저 빔 등의 특수효과가 첨가되기도 한다. 나는 한참을 그 시원스럽고 경쾌한 광경을 즐기다가 정원으로 내려 왔다.

　이 정원은 9개의 테마로 이루어져 있다. 입구에서 받은 안내서에 탐방 동선을 제시하고 있어 쉽게 정원을 찾을 수 있다. 우선 저택 앞에 음악 분수가 있는 프랑스 정원 (Garden à la française)이다. 이곳은 베아트리스기 직접 디자인하였다고 한다.

　주변에 주목으로 다듬은 토피어리, 야자수, 오래된 사이프러스가 이국적인 풍경이다. 축을 이루는 수로와 경사지의 캐스케이드(계단 폭포)를 따라 걸으면 발코니에서 보았던 가제보(Gazebo: 사방이 트인 건물로 조망이나 휴식을 위한 정자)에 이른다. 그 가운데 비너스 상이 있어 사랑의 신전(Temple of Love)이라고 부른다. 이곳에서 다시 정원과 저택을 조망할 수 있어 전망대 역할을 하고 있다.

　사랑의 신전에서 동쪽으로 바다를 향한 경사지에 프로방스 정원(Jardin Provençal)이 있다. 프로방스는 이 지방 이름으로 겨울에는 온난하고, 여름에는 고온의 맑은 날씨가 계속되는 지중해성 기후로 식물의 종류가 다양하다. 오솔길 사이로 프로방스에서 자라는 다양한 정원 식물을 식재하였다. 그리고 이 정원의 남쪽 끝에 장미 정원(Roseraie)이 나온다. 수십 종의 장미가 있으며 이 중에 베아트리스의 이름을 붙인 장미도 있다는데 찾지는 못했다.

장미 정원을 지나면 열대 정원(Le jardin exotique)이다. 다양한 종류의 선인장 그리고 무화과 등이 이웃한 장미 정원과는 대조적인 분위기이다. 어마어마한 크기의 둥근 선인장이 보인다. 가시가 박힌 이 둥근 선인장의 영어 이름이 재미있다. 시어머니의 쿠션(mother-in-law's cushions)이다. 나는 갑자기 우리나라의 '며느리밑씻개'라는 풀이름이 생각난다. 시어머니가 며느리에게 밑씻개로 준다고 하는 풀이다. 이 식물은 줄기에 예리한 가시가 나 있는 한해살이 덩굴성 풀이다. 아마 시어머니와 며느리 간의 갈등은 동서양을 막론하고 비슷한가 보다.

그리고 갑자기 청석정(聽汐庭)이란 일본 정원(Le jardin japonais)이 나온다. 안내서를 보니 '파도 소리를 차분하게 듣는 정원'이라고 설명되어 있다.

유럽 사회는 19세기 중반부터 20세기 초까지 일본적인 취향 및 일본풍이 유행하였다고 하니, 그 결과물이 이곳에도 정원으로 남아 있는 듯하다.

다음 정원은 석물 정원(Le jardin lapidaire)이다. 고대나 중세의 다양한 모습의 비석과 석상들이 전시되어 있다. 전시물은 서로 연관이 있거나 시대적으로 분류된 것 같지는 않다. 하지만 주변의 오래된 식물들과 어우러지니 운치가 있어 보인다.

스페인 정원으로 가기 전에 주택 앞에 있는 프랑스 정원으로 연결되는 말발굽 모양의 계단이 양쪽에 있다. 그 사이에 대리석으로 만든 조각이 있고 아래에 작은 연못이 있다. 연못가에 넓은 잎의 필로덴드론이 시원스럽다.

다음에 나오는 스페인 정원 (Jardin espagnol)은 새로 단장한 듯 깔끔한 모습이다. 정확히 말하면 이슬람 정원의 파티오의 모습이다. 주변에 회랑이 있고 수로를 이용하여 정원을 4분하였다. 화단에 있는 굵은 줄기의 커다란 엔젤트럼펫과 잎 넓은 몬스테라 그리고 연못의 파피루스가 전체적으로 풍성한 공간을 만들며 푸르름을 담고 있다.

마지막 세브르의 정원은 레스토랑의 테라스와 연결 된다. 베아트리스가 차를 마시던 티 룸(Tea room)이 지금은 레스토랑이 되었다. 그 앞으로 연결된 테라스는 온통 바다 쪽으로 향하고 있다. 정원을 둘러보는 내내 한쪽은 푸른 지중해이지만 나는 정원을 보느라 바다를 즐기지 못했다. 바다를 좋아하는 나는 오늘 점심을 이곳에서 먹기로 하였다. 하얀 테이블보에 깔끔한 식기들이 준비되어 있어 나는 마치 그녀와 함께 점심을 먹는 기분이었다.

식물의 이름

이름은 다른 것과 구별하기 위하여 소통을 위한 명칭이다. 꽃과 나무들도 제각기 구별할 수 있는 이름을 갖고 있다. 하지만 같은 식물을 나라와 장소에 따라 각기 다르게 부른다면 혼란스러울 것이다.

이러한 혼돈을 정리한 식물학자가 스웨덴 출신의 칼 폰 린네(Carl von Linnè)이다. 1707년 태어난 그는 원래 의사였으나 의학보다는 생물학에 관심이 더 많았다. 그리고 그는 1735년 〈자연의 체계(Systema Naturae)〉라는 책을 발표한다. 이 책의 초판은 12페이지에 불과하였지만 그 안에는 중요한 내용이 담겼다. 바로 식물을 암술과 수술, 그리고 수분을 맺는 방법 등 그들 고유의 특징을 기준으로 분류하고 그에 맞는 이름을 체계화하는 것이었다.

그런데 당시 그는 저급한 식물학자라는 비난을 받았다고 한다. 여신의 아름다움으로 비유하던 꽃을 암술과 수술이라는 생식기로 분류하고 수분 방법을 정밀하게 묘사했다는 이유이다. 하지만 이 비난은 얼마 지나지 않아 전 생물학계가 그의 합리적인 분류 체계를 인정하게 되었다. 그리고 모든 식물과 동물에 국제적으로 통용할 수 있는 이름이 사용되기 시작하였다.

린네는 식물 이름이 두 단어로 구성되는 이명법(二名法)을 고안하였다. 앞에 속명(屬名: genus name)을 쓰고 이어서 종명(種名: species name)을 쓴다. 종명은 각 식물이 갖고 있는 개별 이름이며 비슷한 생물학적 특징을 가진 종을 묶어 하나의 속명으로 분류하였다. 그러니 같은 속명 속에 여러 종명이 있으며 같은 속명에 포함되어 있다는 것은 생물학적으로 비슷한 계열을 의미하게 된다. 그리고 마지막에 처음으로 발견하거나 발표한 사람의 이름을 붙였다.

이러한 식물의 이름을 학명(scientific name)이라 한다. 학명은 반드시 하나

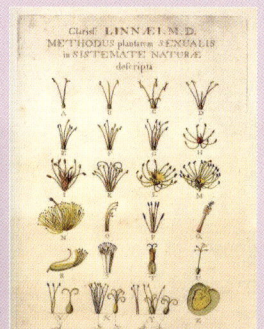
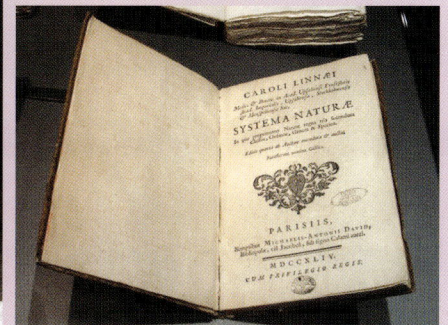

의 이름만 존재하며 그 자체로서 분류학적 계급을 나타내며 상위의 분류체계에 대한 정보를 준다. 학명을 쓰면 학술적 편의뿐만 아니라 세계인이 소통할 수 있다. 그리고 신품종이나 새로 발견된 식물에 대한 이름은 국제식물명명규약(International Code of Botanical Nomenclature)에 따르며 6년에 한 번씩 열리는 국제식물학총회(International Botanical Congress)에서 심사하고 허가한다.

2012년도에 발간된 명명규약 학술지는 2011년 7월 오스트레일리아 멜버른에서 열렸던 제18회 국제식물학총회의 결과물이다. 그리고 2017년 중국 센젠에서 열려 2018년에 학술지가 발간되었다. 이렇듯 학명은 세계적인 규약으로 새로운 식물을 발견하거나 품종을 개발하는데 혼란을 피할 수 있어 원예 산업이나 식물에 관련된 분야에 종사하는 사람들에게 꼭 필요한 이름이다.

린네는 식물의 이름을 지을 때 신화에 나오는 이름이나 식물의 생긴 모양, 식물이 서식하는 장소 등을 고려하여 연관성을 두었다. 그는 대부분 라틴어를 사용하였다. 우리에게는 생소한 언어이지만 라틴어를 어원으로 하는 영어, 독어, 프랑스어 문화권인 유럽 사람들에게는 어렵지 않게 이해할 수 있다고 한다.

하지만 모든 사람이 학명을 기억하기는 쉽지 않은 일이다. 그리고 한정된 지역이나 국가에서 사람들이 오래전부터 부르던 이름이 있다. 이는 학명과 별도로 국명 또는 지방명이라고 한다. 하지만, 국명은 여러 개가 있기도 하고 지역에 따라 또는 국가에 따라 다르다. 한 국가 내에서도 사람에 따라 동일한 식물을 서로 다른 국명으로 부르는 경우가 있다. 예를 들어 무궁화는 우리나라의 국명이며 학명은 〈*Hibiscus syriacus L.*〉이다. 영어권의 국명은 〈rose of sharon〉으로 불리며 독일어권의 국명은 〈der Eibisch〉로 불린다.

하지만 국명이 없는 식물도 있다. 어떤 식물은 신품종 개발로 새로운 식물이거나 외국에서는 자라고 있으나 한국에는 아직 없는 식물들이다. 즉 학명은 있지만 아직 우리나라에서는 한국어 이름이 없는 경우이다.

요즈음 정원 가꾸기를 취미로 하는 사람들이 많아졌다. 이들은 다양한 식물들을 정원에 들여놓고 싶어 한다. 이러한 요구로 많은 새로운 식물들이 수입되어 시장에 나오고 있다. 그중에 우리나라에 국명이 없는 경우가 있다. 더구나 국명을 수입한 사람이나 파는 사람이 임의적으로 붙여 혼란스러운 경우가 많이 있다. 식물학계에서 새로 들어오는 식물들을 신속하게 파악하여 우리가 부를 수 있는 식물의 국명을 만들어 주는 것이 절실히 필요한 때이다.

영국

3.1 영국 정원의 발달
3.2 펜스허스트 플레이스
　　　　　Penshurst Place
3.3 스타우어헤드
　　　　　Stourhead
3.4 히드코트
　　　　　Hidcote
3.5 시씽허스트 성
　　　　　Sissinghurst Castle

3.1 영국 정원의 발달

18세기 영국은 식민지 개척, 산업혁명 등으로 중산층이 생겨나고 경제적인 여유와 함께 귀족과 상류층 사회에 그랜드 투어(Grand Tour)라는 유럽 대륙 여행이 유행한다. 짧게는 몇 달, 길게는 몇 년에 걸쳐 유럽 곳곳의 유적과 문화를 직접 체험하며 견문을 넓히는 여행이다. 이들은 프랑스, 이탈리아, 독일 등을 여행하면서 잘 가꾸어진 정원을 보게 된다. 그리고 당시 계몽주의와 낭만주의의 영향으로 자연을 찬미하는 문학가나 비평가들은 여러 매체를 통해 프랑스에서 발달한 평면 기하학식 정원을 평가 또는 비판하게 된다.

섀프츠베리(Shaftesbury) 백작은 자연의 아름다움을 찬미하면서 프랑스 정원을 반대하였고 영국의 시인이자 비평가인 알렉산더 포프(Alexander Pope)는 정원 잡지인 〈가디언〉에서 기하학적으로 공간을 나누는 정원의 모습과 살아있는 식물을 가위질하여 울타리나 동물 모양 등으로 만드는 토피어리(topiary)를 비난하였다. 그리고 영국의 비평가들은 정원의 미적 가치를 시, 회화와 더불어 자연을 아름답게 표현할 수 있는 새로운 예술 분야라고 정의하였다.

즉, 이들은 정원은 자연 그대로의 모습을 갖추어야 한다고 주장한다. 그리고 초원의 포근한 능선, 그 아래로 흐르는 시냇물, 물가에 놓인 작은 다리 등 자연 풍경 또는 전원 풍경을 진정한 정원의 가치로 주장하였다.

이러한 경향으로 영국에서는 완전히 새로운 유형의 정원인 자연 풍경식 정원(Landscape Style in Naturalism)이 시작된다. 이는 자연의 풍경을 담아 내듯이 정원을 조성하는 것이다. 건물은 풍경 속에 삽입되었고, 완성된 정원은 마치 한 폭의 풍경화를 연상하게 된다. 정원 속의 길을 따라 걸을 때는 목가적인 경관이 파노라마식으로 펼쳐 보이게 한다. 그리고 부정형 형태의 연못과 곡선

의 길을 자연스럽게 배치하여 그 안에 전망대, 티 하우스(Tea-House), 파빌리온(Pavilion), 모형 유적, 교량, 조각물 등이 첨경물로 풍경 속에 자리 잡는 것이다.

그리고 이미 영국에 조성된 평면 기하학식 정원도 차츰 자연 풍경식 정원으로 변모하게 된다. 이는 영국 버킹엄 쉐어에 있는 스토우 정원(Stowe Garden)에서 그 변천 과정을 엿볼 수 있다. 이 정원 조성에 참가한 정원사 켄트(W. Kent)는 '자연은 직선을 싫어한다.(Nature abhors a straight line)'라는 유명한 말을 남기며 정원을 마치 한 폭의 풍경화처럼 재구성하였다.

영국에서 시작한 자연 풍경식 정원은 프랑스에 장 자크 루소가 순수한 자연을 극찬하고, 독일에 쉴러와 괴테가 신낭만주의 운동을 제창하고 있는 시기와 맞물려 자연스럽게 유럽 전역으로 확산되어 갔다. 이후 프랑스에서 발달한 평면 기하학식 정원과 영국의 자연 풍경식 정원은 정원 디자인이나 조경 설계에 중요한 디자인 양식으로 자리 잡는다.

3.2 펜스허스트 플레이스

Penshurst Place

전통을 만들어내는 꽃들의 잔치

펜스허스트 플레이스(Penshurst Place)는 14세기의 저택으로 영국에서 개인 소유의 가장 오래된 정원 중 하나이다. 이곳은 런던에서 60km 정도 남서쪽에 있는 켄트(Kent) 지방의 톤브릿지(Tonbridge) 마을 외곽에 위치한다. 켄트 지방은 남쪽으로 도버 해협을 사이에 두고 프랑스와 접하며, 북쪽은 템스강 하구까지 이르는 지역이다. 영국의 다른 지역에 비하여 기후가 온난하고 나지막한 언덕이 펼쳐져 평온한 목가적인 풍경을 이루어 영국의 정원(Garden of England)이라 불리는 곳이다.

펜스허스트 플레이스는 1340년대 존 드 풀트니(John de Pulteney) 경이 조성하기 시작하였다. 그는 부유한 양모 상인으로 런던 시장을 네 차례나 지냈으며 톤브릿지 마을 외곽에 넓은 농원을 소유하게 되었다. 그리고 1447년 이곳은 버킹엄(Buckingham) 공작의 소유가 되었다가 헨리 8세(Henry Ⅷ) 집권 시절, 공작이 반역죄로 참수되면서 한때는 왕실 소유였다.

그 후, 에드워드 6세(Edward Ⅵ) 왕은 1552년 시드니(Sidney) 가문에 이 영토를 하사하고, 시드니 가문은 기존의 저택을 증축하였다. 펜스허스트 플레이스의 정원은 엘리자베스 시대에 헨리 시드니(Henry Sidney) 경에 의해 조성되었다. 그는 수천 톤의 흙을 들여와 정원 부지를 정리하고 생울타리와 테라스 그리고 화단을 조성하여 이탈리아 풍의 평면 기하학식 정원을 만들었다.

이후 19세기 초까지 건물과 정원은 점차 황폐해져 갔지만, 1818년에 존 셸리 시드니 경과 그의 아들 필립이 복원하기 시작했다. 그리고 1970년대에 대대적인 복원이 이루어져 지금의 모습을 갖추었다.

펜스허스트 플레이스에 도착하니 저택으로 들어가는 길이 웅장하다. 큰 대문이 있어서가 아니라, 두 아름도 더 되는 나무들이 가로수로 초록의 터널을 만들어 나를 저택으로 끌어들인다. 얼마나 오래되었는지는 가늠하기 어려워도 670년 역사를 갖은 펜스허스트 플레이스를 대변하기에 충분하다.

안내서에 있는 지도를 보니 대지는 거의 4등분으로 나누어져 있고 그중 북서쪽 1/4의 부지에 저택이 위치한다. 나머지는 3/4은 각각 반으로 나누어 거의 균등하게 6등분되어 있다. 이곳은 시기적으로 아직 영국에 자연 풍경식 정원 양식이 생기기 전에 만들어졌으니, 이탈리아의 평면 기하학식 정원을 도입한 듯하다.

저택의 외관은 연한 노란색 석회암으로 오랜 세월 풍우에 씻겨 적당히 빛이 바랜 차분한 색이다. 그 앞으로 4월의 초록 잔디가 넓고 시원스럽게 펼쳐지니 저택의 모습은 더욱 웅장하게 보인다. 잔디밭에 서니 몇 단 아래 이탈리아 가든(Italian Garden)이다. 저택의 창문에서 바로 내려다보이는 곳이다. 화단 중앙에는 둥근 연못이 있고 그 안에 크지 않은 동상이 저택을 바라보고 있다.

화단은 직사각형 형태이며 그 안에 두 축이 교차하여 넷으로 나누어진 무늬 화단이다. 잔디에 회양목을 식재하여 무늬를 만들고 안쪽에는 장미를 심었다. 이런 무늬화단은 유럽에서 중세 시대부터 유행하기 시작하였으며 특히 프랑스의 평면 기하학식 정원에서 더욱 화려하게 발전하였다. 화단 주위에서 서너 명의 정원사들이 바쁘게 움직이고 있다. 문양을 만들고 있는 회양목을 다듬고 화단으로 침범한 잔디를 제거하고 있다.

이탈리아 가든을 지나니 왼쪽으로 저택으로 향하는 가든 타워가 있고 타워 옆으로 벽돌담을 따라 푸른색과 노란색의 화단(Blue and Yellow Border)이다. 아직 충분한 꽃을 볼 수는 없지만 친절하게 팻말이 있다. 이곳 화단에 무슨 꽃을 어떤 위치에 배치하였는지 보여주는 식재 평면도이다.

그리고 정원 문까지 길게 조성된 화단은 쥬블리 워크(Jubilee Walk)이다. 첼시 플라워 쇼에서 금메달을 수상한 조지 카터(George Carter)가 디자인하였다. 이곳은 70m의 길에 양쪽으로 화단이 조성되었다. 화단은 색깔별로 그리고 크기별로 다양한 정원식물들이 식재되어 있다. 진한 초록의 주목 생울타리를 배경으로 보라 계열, 노란 계열, 붉은 계열의 다년초들이 각자의 꽃 색을 자랑한다. 누군가 화단을 디자인하고 싶으면 이곳의 식재 패턴이 많은 도움이 될 것 같다.

사실 우리가 정원에서 말하는 화단은 영어권에서 베드(bed)와 보더(border)로 나누어 말한다. 베드는 여러 방향에서 볼 수 있게 식재하는 화단이며 보더는 상대적으로 너비가 좁고 길게 띠 모양을 이루어 한 방향에서 감상하기 좋은 화단이다. 아마 높낮이가 다른 여러 종류의 꽃을 감상하기 위해서는 두 화단의 식재 패턴이 달라야 하기 때문인 것 같다. 나는 쥬블리 워크의 다양한 식재 디자인을 구경하며 사진을 찍느라 많은 시간을 이곳에서 보냈다.

그리고 나는 장미원(Rose Garden)으로 향했다. 줄을 맞춰 심은 장미는 줄기를 곧게 세워 위에 둥근 꽃다발이 될 수 있게 키웠다. 그 장미 줄기 아래 은회색의 램즈이어(Lamb's-ear)가 폭신하게 깔렸다. '양의 귀'라는 이름처럼 부드러운 솜털이 잎을 덮고 있는 식물이다. 잎의 보들보들한 촉감이 눈으로도 느껴진다.

장미원에서 주목 생울타리 사이로 분수가 보이니 나는 자연스럽게 그곳으로

끌려 들어간다. 역시 정원에서 물은 경쾌함과 역동성을 제공하는 매력적인 요소이다. 이곳은 다이애나 바스(Diana's Bath)이다. 다이애나는 '빛나는 것'이라는 뜻의 이름으로 그리스 신화에 나오는 사냥, 숲, 달, 처녀 등과 관련된 여신이다.

멀리 또 하나의 축이 형성되면서 데미 룬(Demi Lune)이 있다. 반달 모양의 작은 연못과 조각상이 있다. 벽에 피라칸사를 올려 테두리를 만드니 마치 조각이 액자 속에 있는 듯 보인다. 지금은 흰색 꽃이 조금 보이지만 가을이면 붉은 열매로 또 다른 액자를 만들 것이다. 연못 양쪽 화단에 곰과 다람쥐 모양의 오래된 토피어리가 서있다. 내가 알고 있는 주목의 생장 속도로 계산하려니 그 많은 시간을 헤아릴 수 없었다.

좀 더 안쪽으로 들어가면 전체 부지의 1/8의 면적에 자수화단으로 영국 국기를 표현하고 있는 유니언 프렉 정원(Union Flag Garden)이다. 유니언 프렉은 영국의 국기로 잉글랜드, 스코틀랜드, 북아일랜드의 국기를 하나로 합친 것이다. 두 개의 직선이 가로 세로로 교차한 십자가는 잉글랜드 국기, 흰색 X자로 되어 있는 성 안드레아의 십자가는 스코틀랜드 국기, 붉은색 X자로 되어 있는 성 파트리치오의 십자가는 북아일랜드 국기로, 이 세 국기가 합쳐진 것이다.

유니언 프렉 정원의 규모는 가로 100m, 세로 60m로 전체 면적은 약 6,000㎡이다. 데미 룬이 있는 정원 쪽으로 거의 100m 길이의 모란 화단이 경계를 이

루고 있다. 국기의 푸른색은 라벤더 꽃으로 붉은색과 흰색은 장미를 식재하여 6~7월에 절정을 이룬다고 안내서에 쓰여 있다.

그런데 올해는 붉은색은 패랭이꽃으로 흰색은 스위트피로 장식할 예정이라고 화단 앞에 팻말이 꽂혀있다. 아직 시기가 일러 나는 그 꽃 색으로 수놓은 화단을 볼 수는 없었지만 장미보다는 올해 선택한 식물들이 꽃이 작고 촘촘하여 더욱 선명하게 붉은색과 흰색을 연출할 수 있을 듯하다.

나오는 길에 연못과 그 주위가 판석으로 포장된 정원(Paved Garden)이 있다. 연못에는 수련이 떠 있고 주변이 깔끔하게 디자인된 작은 정원이다. 어떤 사람이 연못 주위에 이동식 접이 의자를 놓고 그림을 그리고 있다. 아마 캔버스 위에 수련을 그리는 듯하다. 그가 펜스허스트 플레이스의 주인인지 아닌지는 몰라도 아마 그가 그리고 있는 곳은 지금 그의 정원일 것이다.

사실 이곳 펜스허스트의 저택 안에는 온기가 사라진지 오래된 침대와 가구들이 전시되어 있지만, 정원은 그때, 그 모습을 여전히 지니고 있고 아직도 생기가 넘치고 있다. 많은 세월이 흘러 부분적으로 새로운 식물을 심거나 교체되었어도 역사를 담고 있는 정원의 모습은 생생하게 살아있다.

그리고 펜스허스트 플레이스의 정원을 찾는 많은 영국의 정원사와 정원 마니아들은 옛것에 담겨 있는 새로운 것을 찾아 그들의 정원에 옮겨 놓으려 하고 있다. 그래서 그들은 전통을 이어가고 있으리라.

3.3 스타우어헤드

Stourhead

달콤하고 아름다운 꿈같은 풍경

스타우어헤드(Stourhead) 정원은 18세기 중엽에 조성된 영국의 대표적인 자연 풍경식 정원 중의 하나이다. 전체 부지는 11㎢ 정도의 방대한 면적에 파라디안 저택, 정원, 농원, 숲 그리고 스토톤 마을을 포함하고 있다. 이곳은 런던에서 서쪽으로 160km 정도 떨어진 윌트셔(Wiltshire) 지방에 위치한다. '스타우어헤드' 라는 이름은 스토우 강의 발원지란 뜻이며 이 강은 남쪽으로 크라이스트쳐치(Christchurch)까지 흘러 영국 해협으로 들어간다.

스타우어헤드 정원은 1725년 부유한 은행가이자 아마추어 정원 디자이너인 헨리 호어 2세(Henry Hoare II)에 의해 시작되며 대를 이어 완성된다.

헨리 호어는 '캔버스에 그려진 어떤 풍경보다 아름답게(more beautiful than any landscape put on canvas.)' 만들겠다는 꿈을 갖고 정원을 만들기 시작하였다.

그는 자신의 정원을 구상하기 위하여 이탈리아로 여행을 떠난다. 그 당시 영국에서는 그랜드 투어(Grand Tour)라는 유럽 대륙 여행이 유행하였다. 헨리 호어는 따뜻하고 평온한 남부 유럽의 목가적 풍경에 매료되었고 고대 로마제국의 유적에 깊은 관심을 갖고 돌아온다. 그리고 그는 자신이 갖고 있던 클로드 로랭(Claude Lorraine)의 풍경화에서 정원의 모티브를 찾는다. 그 그림은 〈델로스 섬에 아니에스가 있는 풍경(Landscape with Aeneas at Delos)〉이다.

클로드 로랭은 프랑스 태생으로 이탈리아에서 명성을 떨친 화가이다. 그는 이탈리아의 평원에 매료되어 부드러운 곡선과 지평선이 펼쳐지는 아름다운 풍광을 화폭에 담았다. 그의 풍경화 속에는 언덕과 산, 호수와 강 등 자연의 모습이 담겨있다. 그리고 그는 그 속에 그리스와 로마 유적지에 있는 건축물과 신화에 나오는 뮤즈들을 그려 넣었다.

헨리 호어는 자신의 정원에 클로드 로랭의 그림 속에 있는 풍경과 흡사하게 인공 호수와 숲을 만들었다. 그리고 로마의 판테온(Pantheon)을 연상시키는 파빌리온을 배치하였다. 연못에 놓인 아치형 석조 다리 역시 로랭의 다른 풍경화 속에서 찾을 수 있는 모습이다.

나는 5월 어느 날, 조금 늦은 시간에 이 정원에 도착했다. 숙소는 스토톤 마을에 있는 B&B이다. 정확히 말하면 스타우어헤드 영지 안에 있는 여관이다. 조금 비싸도 스타우어헤드 정원은 아침 산책이 어울릴 것 같아 이곳으로 정했다.

체크인을 하는데, 여관 주인은 묵직한 열쇠를 건네며 이 열쇠로 정원을 무료로 입장할 수 있다고 알려 준다. 갑자기 나는 숙박비를 할인받은 기분이다. 방에 가방만 던져 놓고 얼른 정원으로 향했다. 우선 입구에서 나는 당당하게 방 열쇠를 보여 주었다. 안내원이 한 마디 던진다. 그곳 아침 식사가 무척 맛있다고 한다. 방문객은 거의 보이지 않는다. 부슬비 내리는 오후 시간이니 나 같이 특별한 경우가 아니면 정원을 산책하는 사람은 별로 없나 보다.

계속 가랑비가 오락가락한다. 하지만 우산을 쓸 정도는 아니다. 우선 호수를 바라보며 크고 깊게 숨을 들이쉬었다. 아니 그래야만 할 것 같은 풍경이었다. 영국의 역사 정원을 소개할 때, 대표적인 사진으로 나오는 그 그림이다. 다섯 개의 아치가 있는 팔라디안 다리(Palladian Bridge), 호수 그리고 멀리 보이는 판테온(Pantheon) 신전이 한눈에 담기는 풍광이다.

안내서를 보니 호숫가를 따라 걷는 산책로가 2km 정도이다. 그냥 걸으면 20~30분 정도 걸리겠지만 사진을 찍으며 산책하자면 2~3시간은 족히 걸릴 것 같다. 나는 천천히 걷기 시작하였다. 먼저 플로라 신전(Temple of Flora)이 나오고 호수 건너 맞은편 언덕에 아폴론 신전이 보인다. 좀 더 걸으니 동화 속에 나올 것 같은 오두막집이 보인다. 고딕 코티지(Gothic Cottage)라는 정원사들이 쉬던 작은 집이란다.

안으로 들어가니 맞은쪽에 벽난로가 있고 호수를 향해 예쁜 쪽창이 나있다. 가는 기둥과 쪽창이 고딕 양식을 말하는 것 같다. 정원사들이 힘든 작업을 끝내고 차 한 잔을 나누던 공간이었나 보다. 아늑하고 정겹게 느껴진다.

　그곳을 나와 계속 걸으니 부드럽게 기복이 있는 대지에 완만한 경사는 잔잔한 호수로 흘러들어 간다. 숲과 풀밭 그리고 호수가 어우러진다. 그 풀밭에 꽃들이 지천으로 피었다. 보랏빛이 도는 푸른색 블루벨(English Bluebell) 꽃이다.

　블루벨은 '숲속의 요정'이라는 별칭이 있다. 작은 키에 다소곳이 고개를 숙인 종 모양의 꽃이 방울방울 한줄기에 여럿 달려있다. 푸른색 꽃밭은 호수로 밀려들어가는 듯, 아니면 호수에서 밀려 나오는 듯 환상적이다. 그 신비스러운 모습에 금방이라도 어디선가 요정이 튀어나올 것 같다.

　블루벨은 영국인들이 사랑하는 대표적인 꽃 중의 하나이다. 우리나라의 금강초롱과 비슷하게 생겼는데 훨씬 키가 작고 꽃도 작다. 숲속에 야생으로 자라며 이른 봄 큰 나무 밑에 푸른 카펫처럼 깔린다. 영국인들은 마치 우리가 봄에 벚꽃 구경을 나서듯이 블루벨이 만개한 숲을 찾아다닌다고 한다. 나는 오래된 정원을 찾아왔는데, 덤으로 환상적인 블루벨 숲을 만났다.

좀 더 물가를 따라 걸으니 호수의 폭이 좁아지면서 강물이 유입되는 곳이다. 이를 가로지르는 길이 있다. 오른쪽은 늪지 같은 작은 연못이다. 길가에 긴 등의자가 있고 주변은 그 의자와 함께 그림 같은 풍광이다. 마치 영국 전원 마을 어귀에 있을 법한 편안한 풍광이다. 그들에게는 아마 고향의 풍경이리라.

나는 다시 호숫가 산책로를 따라 걸었다. 그런데 갑자기 주변이 어두워진다. 양쪽에 키가 큰 전나무가 꽉 차면서 하늘을 가리고 있는 것이다. 그리고 동굴로 들어간다. 여기가 그로토(Grotto)이다. 그로토는 유럽 역사 정원에 많이 나오는 인공적인 바위 동굴이다. 이는 옛날 신들의 거주지로 여겨졌던 자연동굴에서 비롯되었다고 한다. 주로 동굴 안에 신이나 요정들의 모습을 조각하여 놓았다. 유럽 정원에서 장식적인 요소로 많이 이용하고 있다.

안으로 들어가니 작은 원형 광장이 나오고 천장이 동그랗게 뚫려 빛이 아래로 쏟아진다. 그리고 한쪽에 하얀 요정 조각상이 있다. 양쪽에서 샘물이 흐르고 그 소리가 동굴 안에 퍼진다. 동굴의 일부가 호수 쪽으로 뚫려 있다. 그곳을 통해 호수 건너편의 풍광이 보인다. 풍광을 액자에 담으니 더욱 선명하다.

그리고 판테온(Pantheon) 신전을 지나 얼마쯤 걷다가 뒤를 돌아보니 또 다른 풍광이다. 넓은 호수의 물 위에 비치는 판테온 신전은 더욱 신비스러운 모습이다. 게다가 호숫가에 피어 있는 수선화와 청둥오리가 함께 어우러지니 더욱 빛났다.

다음 날, 나는 이른 아침을 먹고 산책을 나섰다. 입구에서 방 열쇠를 제시하고 다시 한번 무료입장을 즐겼다. 어제 대충 사진을 찍었으니 오늘은 더 느긋하게 걸을 수 있다. 아침의 고요함 속에 잔잔한 속삭임처럼 보슬비가 내린다. 촉촉함은 정원을 더욱 부드럽고 차분하게 만들었다. 길 위에 만병초 꽃이 가득 떨어져 있다. 그 꽃을 밟지 않으려 노력했지만 불가능했다. 김소월의 시 〈진달래꽃〉에 나오는 '사뿐히 즈려 밟고 가시옵소서'가 생각난다. 아픈 이별은 아니라 해도 꽃을 밟는 것은 괴로운 일임에 분명하다. 정말 미안한 마음이 든다.

그리고 나는 천천히 정원의 오솔길을 걷다 호숫가에 있는 의자에 앉았다. 앉고 보니 이곳에 꼭 이 의자가 있어야 하는 자리인 듯하다. 스타우어헤드 정원에 있는 의자들은 쉬라는 용도라기보다는 이렇듯 그곳에 앉아서 그 앞에 펼쳐지는 한 폭의 그림 같은 풍경을 감상하라는 것이었다.

나는 의자에 앉아 잠시 생각을 정리해 본다. 스타우어헤드 정원은 숲속에 낮은 구릉과 호수, 호숫가의 아름드리 나무와 야생화 그리고 길이 있다. 길은 완만한 곡선을 그리며 호수 주변을 돌고 있다. 때로는 물가로 때로는 호수에서 조금 거리를 두고 걷게 한다. 또한 호수의 수면은 같은 높이이지만 걷고 있는 길은 높고 낮음이 있어 걸음걸음마다 주변의 풍경이 다르게 보인다. 이렇게 길을 따라 변하는 풍광은 자연스럽게 이어지고 끝없이 펼쳐진다. 정녕, 스타우어헤드 정원은 헨리 호어가 원했던 자연스러운 픽처레스크(Picturesque) 또는 파노라마 뷰(Panorama view)를 만들어 내고 있다.

3.4 히드코트

Hidcote

아기자기한 작은 정원들의 모델

 히드코트(Hidcote)는 영국의 아름다운 전원지대 코츠월즈(Cotswolds) 지역에 있으며 정원으로 더 유명한 주택이다. 코츠월즈는 런던에서는 북서쪽으로 200km 떨어진 곳으로 잉글랜드 중부에 있는 넓은 전원지대이다. 이곳은 13~18세기 영국의 양모 산업이 번성하던 시절에 옹기종기 마을이 형성되었고 지금도 그 한적한 농촌 풍경이 그대로 남아 있는 곳이다. 그리고 19세기 말에서 20세기 초 영국에 불고 있던 아트 앤드 크래프트 운동(Arts and Crafts Movement)의 중심지이기도 하였다.

히드코트의 정원은 아트 앤드 크래프트 운동의 대표적인 정원이라고 할 수 있다. 이 운동은 19세기 말에서 20세기 초 영국에서 일어난 공예 혁신 운동이다. 산업혁명에 의한 대량생산보다 수공예 분야에 가치를 두고 건축 및 디자인 분야에도 중요한 발자취를 남긴다. 정원 분야에서도 인위적인 조형미를 만들고 있는 프랑스의 평면 기하학식 정원에 반대하며 자연 상태를 재창조하는 영국식 정원(English Garden) 양식을 만들어 내는데 큰 영향을 미친다.

이 정원은 미국에서 영국으로 귀화한 로렌스 존스턴(Lawrence Johnston)과 그의 어머니 거트르드 윈드롭(Gertrude Winthrop: 재혼으로 성이 바뀜)에 의해 조성된다. 윈드롭 여사는 미국 볼티모어 출신으로 부유한 증권 중개인 집안의 미망인이었다. 그녀는 1907년 이곳에 저택과 주변 부지를 매입하면서 아들과 함께 영국 생활을 시작한다. 아들 로렌스는 케임브리지 대학에서 역사를 전공하였고 그의 어머니는 그가 유능한 영국 신사가 되기를 원했다. 하지만 어머니의 뜻과는 달리 로렌스는 식물에 관심이 많았고 아름다운 언덕 위에 위치한 이곳에 새로운 정원을 꾸미는데 몰두한다.

이런 상황을 걱정했던 어머니는 결국 아들의 미래를 위해 모든 것을 포기하고 저택과 부지를 팔기로 결심한다. 이렇게 완강하게 반대하였던 어머니의 생각은 로렌스가 전쟁에 참전하면서 반전하게 된다. 그녀는 전장에 나갔던 아들이 전사한 것으로 알고 있었다. 하지만 어느 날 수많은 시체 속에 있던 아들이 우연히 발견되었고 극적으로 생명을 건지게 된다. 결국 그녀는 기적처럼 살아 돌아온 아들에게 그가 원하는 삶을 살게 한다. 이렇게 해서 지금 우리는 아름다운 히드코트 정원을 볼 수 있게 되었다.

하지만 존스턴은 40년에 걸쳐 가꾸어온 히드코트를 건강상의 이유로 떠나야 하였다. 그는 이곳을 내셔널트러스트에 기증한다. 내셔널트러스트는 영국의 가장 대표적인 민간단체로 자연보호와 역사적 보존을 위한 문화재를 유지 및 관리하고 있다. 영국은 19세기 후반부터 몰락해 가는 귀족들이 더 이상 관리하기 힘들어진 소유 재산을 이 단체에 증여하는 운동이 대대적으로 일어났다.

1948년, 존스턴은 습하고 서늘한 영국을 떠나 온난하고 쾌적한 프랑스 남부로 이주한다. 그는 지중해가 내려다보이는 올리브 밭을 구입하여 그곳에 정착하며 제2의 정원, 세르 드 라 마돈느(Serre de la Madone)를 가꾸었다. 존스턴은 이곳에서 10년을 보낸 뒤 세상을 떠났다. 그리고 그는 히드코트에서 멀지 않은 곳에 있는 어머니의 무덤 옆에 나란히 묻혔다.

히드코트에 도착하니 아직 문을 열지 않았다. 대부분의 정원은 9시에 개장하는데 이곳은 10시에 개장이다. 잠시 기다렸다가 첫 손님으로 들어가니 사진 찍기가 좋았다. 입구의 대문은 영국의 일반적인 중산층 주택 입구의 분위기이다. 먼저 건물에 둘러싸인 마당이 나온다. 마당에 굵은 모래가 깔렸고 주택은 소박한 이층집이다. 건물의 역사만큼 오래된 굵은 줄기의 등나무가 건물을 휘감는다.

　나는 주택을 돌아서 메이플 정원으로 향했다. 오래된 시더(Cedar) 나무가 폭넓은 수관으로 정원을 거의 덮고 있는 느낌이다. 그리고 원형의 잔디밭이 깔끔하게 깔려 하나의 방 같은 올드 가든(Old Garden)이다. 그리고 히드코트의 특징인 정원의 방들이 연결되기 시작한다.

　올드 가든을 지나서 나는 연못이 있는 왼쪽으로 향했다. 새 모양으로 깎아 놓은 토피어리가 연못(Bathing Pool)으로 들어가는 방의 문주이다. 그리고 좀 더 가니 정원사가 열심히 잡초를 뽑고 있다. 아담한 작은 정원이다. 이곳은 윈드롭 부인의 정원(Mrs. Winthrop's Garden)이다. 가운데 청동으로 만든 해시계를 중심으로 원형의 낮은 단을 두어 화단을 만들었다. 그녀를 기리기 위한 정원이다. 어쩜 존스턴이 어머니를 그리워하며 만든 정원인지 모르겠다.

　나는 지난번, 잔디가 카펫 같이 길게 깔린 롱워크(Long Walk)에 끌려 곧장 뒷문으로 간적이 있다. 그래서 이번에는 롱워크 옆으로 작은 도랑을 따라 숲이 있는 오솔길을 택하기로 하였다. 역시 숲길로 들어서니 편안하고 아늑하다. 도랑에서 시냇물 소리가 들리고 길가에 숨어 있는 작은 꽃들이 보인다. 아름드리 고목 아래 히아신스, 수선화 등이 잡목과 함께 어우러진 숲이다.

그리고 히드코트의 경계에 이른다. 마침 긴 의자가 있어 나는 그곳에 앉았다. 울타리 너머 들판은 완만한 언덕으로 부드러운 능선이 교차되고 멀리 꼬물꼬물한 숲이 보이는 소박한 코츠월즈의 전원 풍경이다. 잠시 들판을 바라보다 롱워크 끝에 있는 뒷문으로 갔다. 그리고 다시 뒷문에서 길게 잔디가 깔린 롱워크를 걸어 가제보로 향했다.

가제보를 중심으로 양쪽에 있는 정원의 방은 판이하게 다른 모습이다. 오른쪽은 붉은 화단(Red Borders)으로 다양한 붉은색의 꽃을 심어 화려하게 화단을 꾸몄다. 그리고 왼쪽의 정원 방은 잔디와 잘 다듬어진 서어나무가 열식되어 있

는 정원(Stilt Garden)이다. 마치 파티오의 분위기처럼 나무의 줄기는 회랑의 기둥을 이루고 가운데에 잔디밭이 있는 또 하나의 방을 만들었다. 붉은 화단이 감성적이라면 반대쪽은 이성적인 분위기의 정원이다.

그리고 이어서 큰 잔디밭(Great Lawn)이다. 너도밤나무로 두툼한 생울타리를 만들어 또 다른 독립된 공간이 형성된다. 공연을 할 수 있게 무대가 가운데 있어 잔디 극장(The theatre lawn)이라고도 부른다. 깔끔하게 정돈된 잔디밭은 마치 잔디 깎기를 막 끝내어 풀 내음이 나지막이 깔려 있는 듯하다. 생울타리 중간에 사람이 통과할 수 있는 개구부가 있다. 멀리서 보면 개구부는 잘 보이지

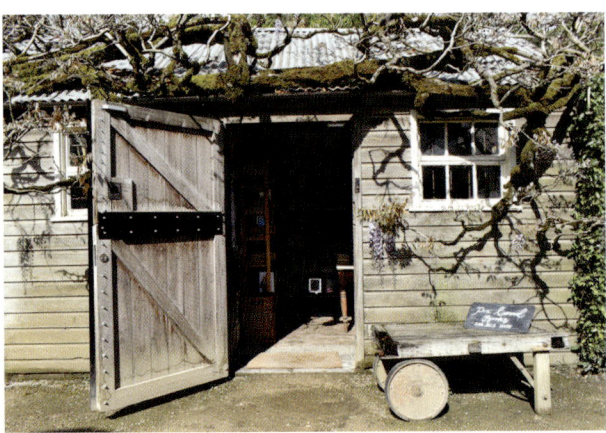

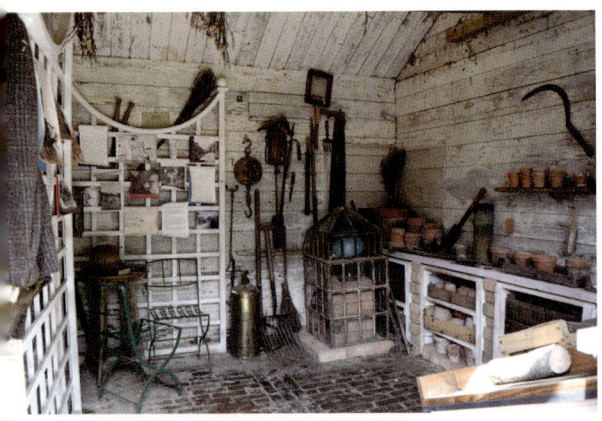

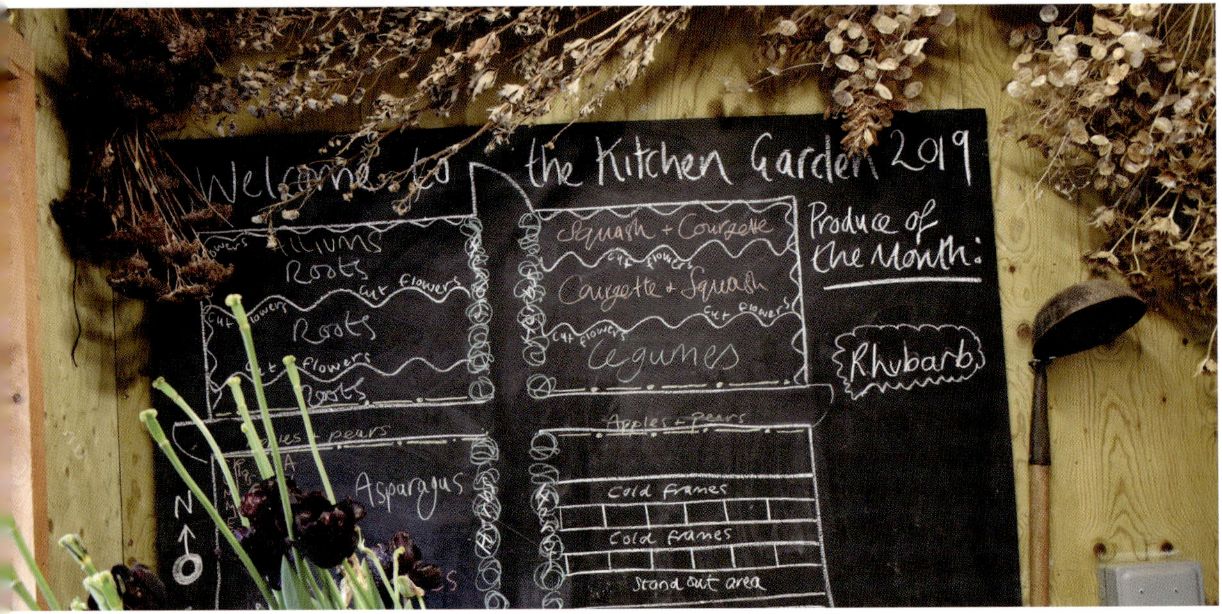
Welcome to the Kitchen Garden 2019
Produce of the Month:
Rhubarb
Squash + Courgette
Courgette + Squash
Legumes
Alliums
Roots
Roots
Roots
Apples + pears
Asparagus
Cold frames
Cold frames
Stand out area

않고 생울타리 사이에서 사람들이 불쑥불쑥 나오는 듯하여 재미있다.

쉬엄쉬엄 다니다 보니 벌써 정오에 가까워져 온다. 마침 큰 잔디밭이 끝나는 곳에 카페테리아가 있다. 나는 잠시 쉬기도 할 겸, 이곳에서 점심을 먹기로 하였다. 정원 여행을 하다보면 어느 정도 규모가 있는 정원에는 점심을 먹을 수 있는 곳이 있다. 이곳 사람들은 여행객과는 달리 정원을 즐기러 오니 한 정원에서 족히 서너 시간을 지내기 때문에 꼭 필요한 시설이다. 이런 곳은 가격이 저렴할 뿐만 아니라 메뉴도 단순하여 고르기도 쉽다.

식사 후, 커피도 한 잔 마시고 온실로 향한다. 가는 길에 오래된 창고가 있다. 일부는 정원 관련 서적이 있는 중고 책방이다. 창고에는 존스턴이 그의 정원사들과 사용했던 정원 도구들이 가지런히 걸려 있는 전시실이다. 벽에 모종삽, 삽, 갈퀴, 괭이 등이 크기에 따라 제자리를 잡았고 바닥에 오래된 손수레도 있다.

창고를 지나 유리 온실과 채소원으로 향했다. 온실 안은 아열대 식물로 가득 차있다. 존스턴은 식물 사냥꾼(Plants Hunter)들로부터 외국에서 들어오는 새로운 식물들을 수집하였다. 존스턴 자신도 알프스 산악 지역, 남아프리카, 버마(현재, 미얀마) 등으로 식물 사냥꾼들과 함께 가기도 하였다고 한다.

채소원은 깔끔하게 정돈되어 있다. 열려 있는 창고에 들어가 보니, 올해의 계획이 흑판에 분필로 그려져 있다. 이번 달에 루바브(Rhubarb)를 수확한단다. 루바브는 붉은빛을 띤 줄기를 파이나 디저트로 먹는 채소이다.

존스턴은 정원에 방(Garden Room)이라는 개념을 만들었다. 즉, 정원에 생울타리나 담으로 공간을 구분하여 방을 만들고 그 안에 꽃과 나무를 자연스럽게 식재하였다. 방은 원형이나 사각형의 정형화된 틀이니 정형식 정원(Formal Garden)이고 자연스러운 식재는 비정형식 정원(Informal Garden)인 셈이다. 이는 두 양식을 절충한 새로운 모습의 영국 정원(English Garden)이다.

히드코트의 규모는 50,000㎡로 그 당시 호수와 능선을 갖고 있는 드넓은 영국의 자연 풍경식 정원에 비하면 작은 편이다. 하지만 존스턴은 이전의 대규모 정원과는 달리 작은 규모를 넓게 느낄 수 있게 하였다. 즉, 아기자기한 모습으로 훌륭하게 꾸밀 수 있는 작은 정원들의 모델을 제시해 주었다.

만약 누군가 나에게 히드코트 정원의 여러 방 중에 하나를 가질 수 있다고 하면 나는 어느 곳을 선택할까? 고민이 되긴 하지만 나는 개울 건너 숲이 나오는 윌더네스(The Wilderness)를 택하고 싶다. 물론 그 앞에 펼쳐지는 코츠월즈의 능선도 따라와야 한다. 이곳에서 내가 누릴 수 있는 즐거운 몽상이다.

● 세르 드 라 마돈느(Serre de la Madone)

나는 히드코트 정원을 보고 나니 존스턴이 프랑스에 만든 다음 정원이 보고 싶었다. 다음 해 5월 1일, 나는 세르 드 라 마돈느를 찾아갔다. 그런데 문이 닫혀있다. 프랑스도 이날이 노동절이라 휴일이라고 알고 있는데 휴업이다. 숙소에 돌아와 숙소 주인에게 물으니 노동절에는 모든 노동자가 쉬기 때문이란다. 그래서 식당이나 상점뿐만 아니라 버스나 전철도 다니지 않는다고 한다. 프랑스의 노동절은 확실한 노동자의 날이었다.

다음 날 일찍 나는 다시 세르 드 라 마돈느로 향했다. 니스에서 동쪽으로 30km 떨어진 망통에서 산 쪽으로 2km 정도 올라갔다. 주택과 정원은 지중해가 내려다보이는 산기슭에 위치하고 있다. 존스턴은 그가 수집한 다양한 열대 식물 및 지중해 식물들을 세르 드 라 마돈느의 정원에 가꾸어 놓았다. 이곳 또한 보전의 가치가 있어 프랑스의 우수 정원으로 등록되어 있다.

세르 드 라 마돈느(Serre de la Madone)의 'serre'는 프랑스어로 언덕이라는 뜻이니 정원의 이름은 '마돈느의 언덕'이다. 면적은 60,000㎡이며 존스턴은 올리브 밭이었던 언덕을 계단식으로 만들어 정원을 조성하기 시작하였다.

  정원으로 들어서니 마치 숲으로 들어가는 느낌이다. 작은 연못이 나오고 계단을 오른다. 언덕을 깎아 만든 단은 돌로 축대를 쌓았다. 축대를 따라 퍼걸러가 길게 있고 그 위로 등나무가 늘어진다. 주변은 오래된 나무와 이끼로 덮여 있어 서늘한 기운이 느껴진다. 긴 퍼걸러를 따라 걸어가니 발끝에 뿌리가 차인다. 깊숙이 자리한 그 뿌리가 가늠되고 그 생기가 나의 발을 통해 느껴진다.

  축대 중간에 있는 계단을 오르니 연못과 온실이 나오고 높은 곳에 있는 주택이 정면으로 보인다. 긴 사각형의 연못 끝에 온실이 있어 온실의 그림자는 수면에

투영된다. 다른 쪽 연못에 비너스 조각이 온실을 바라보며 서 있고 양쪽에 아기 천사들의 조각이 있다. 천사들은 긴 잎사귀를 안고 있다.

주택은 2층 건물이며 2층에서 작은 정원으로 연결된다. 정원은 생울타리로 경계를 두르고 네모 반듯한 연못이 있다. 그 안에 시원스럽게 파피루스가 자라고 수련이 떠있다. 안내서에 이베리아 - 무어풍의 정원이라고 설명되어 있다. 연못을 지나면 망통과 지중해가 내려다보이는 넉넉한 전망대가 있다.

정원 전체는 소박하지만 편안하고 숨겨진 듯한 모습이다. 정녕 이곳은 존스턴이 원했던 지중해의 태양 아래 휴양을 위한 정원이었다.

정원을 둘러보고 나오려니 출구는 입구와 같은 건물이다. 나이 지긋하신 분

이 입장권도 팔고 기념품도 판다. 그분은 나를 보더니 이 정원을 꾸민 사람이 영국에 더 아름다운 정원을 꾸몄다고 그곳도 가보라고 권하신다. 그리고 이런저런 이야기를 하다 나는 멋진 모자가 눈에 들어왔다. 파피루스로 만든 모자라고 한다. 나는 아까 연못에서 본 파피루스가 생각나서 기념품으로 사기로 하였다.

    파피루스(Papyrus)는 식물 이름이며 고대 이집트에서 이 식물 줄기의 껍질을 이용하여 만든 종이도 파피루스라고 알고 있다. 밀짚모자와 비슷하지만 더 부드럽고 써보니 편안하였다. 모자를 사니 그분은 멀리서 왔다며 이 정원의 사진엽서 몇 장을 선물로 주신다. 나는 그 모자를 쓸 때마다 존스턴이 기억나는 게 아니라 그분의 친절함과 넉넉함이 기억난다.

3.5 시씽허스트 성

Sissinghurst Castle

시인이 시를 쓰듯이 가꾼 화단

　시씽허스트 성(Sissinghurst Castle)은 런던에서 남동쪽으로 100km 정도 떨어진 켄트(Kent) 지방의 시씽허스트 마을에 있다. 허스트(hurst)는 '숲이 있는 언덕'이라는 옛말이라고 한다. 건물은 성이라고 하기에는 그리 크지 않은 규모이며 부지는 예쁘게 꾸민 작은 정원들로 연결되어 있다. 전체적인 정원의 공간 구성은 정형식으로 나누어져 있고 그 안에 꽃과 나무는 자연스러운 영국식 식재 패턴으로 절묘하게 어우러진 모습이다. 이곳은 영국인들이 가장 사랑하는 정원으로 꼽히는 곳이라 한다.

시씽허스트의 정원은 1930년대에 비타 색빌웨스트(Vita Sackville-West)와 그녀의 남편 해롤드 니콜슨(Harold Nicolson)이 함께 만든 곳이다. 이들은 폐허에 가까운 엘리자베스 시대풍의 저택을 구입하여 이에 딸린 2.8㎢의 농원을 정원으로 꾸미기 시작한다. 비타는 색빌웨스트 가문의 외동딸로 어린 시절 아름다운 정원이 있는 놀 성(Knole Castle)에서 자랐다. 하지만 당시 여자에게 유산을 물려주지 않는 전통으로 저택과 정원은 사촌에게 돌아갔다. 그녀의 이런 서운함이 시씽허스트를 만들었는지 모르겠다. 그리고 이들 부부의 정원에 대한 열정은 이곳으로 이사 오기 전에 그녀의 출생지인 놀 지방에 훌륭한 정원을 꾸며 놓은 롱 반(Long Barn)이라는 주택에서도 엿볼 수 있다.

당시 니콜슨은 시씽허스트의 정원을 디자인하면서 친구인 건축가 에드윈 루티엔스(Edwin Lutyens)로부터 많은 조언을 받았다고 한다. 루티엔스는 거트루드 지킬(Gertrude Jekyll)과 다양한 정원 작업을 함께 했던 사람이라 정원의 공간 디자인에 대해 많은 경험을 갖고 있었다.

거트루드 지킬은 그 시절 최고의 식재 디자이너이다. 이전까지는 식물을 줄 맞추어 일렬로 심거나 자수화단의 장식적인 수단으로 사용하였다면 그녀는 여러 식물을 섞어 심거나 초본류의 색채를 강조하는 새로운 식재 기법을 선보인다. 즉, 정원에 정형적, 비정형적 식재 기법을 적절히 혼합하여 화단을 계절, 색, 형태, 향기 등을 고려하여 수채화처럼 연출하는 것이다.

색빌웨스트는 지킬의 이러한 식재 디자인에 영향을 받는다. 그리고 로렌스 존스턴이 히드코트에서 시도한 정원의 방(Garden Room)이라는 개념을 도입하여 개성 있는 화단을 조성한다. 그녀는 식물에 대한 해박한 지식과 시인이자 작가인 그녀의 감수성으로 화단에 화이트 가든, 퍼플 가든 등의 이름을 붙여 주었다. 시씽허스트의 정원은 남편 니콜슨이 정원 디자인의 큰 틀을 정형적으로 구획하였으며 거기에 아내 색빌웨스트의 비정형적인 식재 디자인이 어우러진 당대 최고의 정원이다.

정원에 도착하니 주차장에서 점잖은 노신사들이 방문객의 차량을 안내하고 있다. 이들은 모두 자원봉사자들이란다. 몇 년 전 영국의 주택 정원을 쓰면서 알게 된 수 마틴에게서 들은 이야기이다. 시씽허스트 정원에는 하루에 100여 명의 자원봉사자들이 운영 요원으로 활동하고 있다고 한다. 이들은 주차장 관리, 입장권 판매, 정원 설명, 그리고 정원 가꾸기 등을 돕는다. 수는 정원 가꾸기 중에 덩굴장미를 전정하고 있다고 했다. 그녀의 자랑스러워하던 표정이 다시 떠오른다.

성은 2층 규모이며 경사 깊은 지붕에 다락이 있다. 건물 가운데 아치형 입구 안으로 잔디밭(Top Courtyard)이 보인다. 그곳으로 들어서니 정면에 탑이 서있다. 탑은 지붕이 있는 육각기둥이 양쪽에 있고 중간에 4층 규모의 건물이 있는 독특한 모습이다. 탑 아래로 다시 아치를 통과하면 사각의 잔디밭(Lower Courtyard)이다. 생울타리와 벽돌담으로 둘러 있는 잔디밭이다. 오른쪽으로 붉은 벽돌담 사이에 문이 있으니 자연스럽게 그쪽으로 향하게 된다.

많은 사람들이 장미 한 송이 한 송이를 들여다보며 이야기를 나누고 있는 장미원이다. 다양한 크기, 다양한 색의 장미가 있다. 영국의 정원 마니아들은 그냥 장미라고 부르지 않는다. 품종에 따라 '**장미'이다. 장미가 영국의 국화이기도 하지만 마니아 대부분이 장미에 대해서는 전문가들이다. 나는 그냥

분홍 장미, 하얀 장미하며 황홀한 꽃 색의 향연에 빠져 본다.

장미원에서 동쪽으로 깊숙한 생울타리가 인상적이다. 거의 미로가 연상될 정도로 높고 빽빽하다. 생울타리에 이끌려 이동하니 갑자기 원형의 잔디밭과 그 주위를 다시 원형의 생울타리로만 두른 정원이다. 그곳을 론델(Rondel)이라 부르는데 옛 프랑스어로 작은 원형이라는 뜻이라고 한다.

론델에서 사방으로 길이 있어 잠시 망설여졌지만 나는 남쪽을 택했다. 시원스러운 라임 트리가 길게 늘어선 라임 워크(Lime Walk) 쪽이다. 라임 트리(Lime tree)의 우리나라 이름은 피나무이다. 껍질이 질기고 강하여 붙여졌다. 그런데 슈베르트의 가곡에 나오는 이 나무를 보리수라고 하는 바람에 라임트리를 보리수로 번역하는 경우가 있다.

사실 우리에게 보리수라는 나무 이름은 혼란스럽다. 부처님이 이 나무 아래서 깨달음을 얻었다는 〈보리수〉, 슈베르트의 가곡에 나오는 〈보리수〉 그리고 7월 중순경에 작고 빨갛게 열매가 달리는 〈보리수〉가 있다.

부처님의 보리수는 인도 등 열대지방에서 자라는 보오나무(*Ficus bengalensis*)로 추운 한국이나 영국에서는 자라지 못한다. 슈베르트의 보리수는 사찰과 인연이 있어 붙여진 이름이며 피나무(*Tilia europaea*)과의 낙엽활엽수로 두 나무는 모두 교목이다. 그리고 진짜 보리수(*Elaeagnus umbellata*)는 초여름에 연한 노란색의 작은 꽃이 피며 붉은 열매가 맺히는 낙엽수로 주변에서 볼 수 있는 키 작은 관목이다. 열매는 생과로 식용하거나 쨈, 주스, 과일주 등으로 이용하여 정원에 많이 심는다. 즉 시씽허스트의 라임 워크를 우리말로 하면 피나무 길이다.

라임 워크를 걷다 중간에 코티지 가든(Cottage Garden)으로 들어갔다. 코티지는 소박한 영국의 옛 농가 주택이다. 코티지 가든의 기원은 1340년대 흑사병이 유럽 대륙과 영국을 휩쓸었을 때, 이 전염병을 예방하는 방법으로 집 주위에 향기 나는 허브 식물을 심기 시작한 것으로 추론하고 있다. 또한 농민들은 코티지 주변에 작은 채소밭도 함께 조성하였다.

그리고 한쪽이 벽돌담으로 된 긴 길이 모트 워크(Moat Walk)이다. 해자로 가는 길이다. 길가에 오래된 철쭉의 키는 2m를 넘는 듯하다. 또한 하얀 꽃이 만발한 등나무의 굵은 줄기는 담을 넘는다. 길 끝에 수로를 사이에 두고 멀리 조각상이 보이니 자연스럽게 발걸음을 재촉한다

하지만 수로로 가기 전에 옆으로 풍성하게 헤이즐나무가 숲을 이루고 있다. 이곳은 견과류 농원(Nuttery)이다. 나무 아래 연두색의 부드러운 고비류의 잎이 넓게 펼쳐지니 주변이 환하다. 헤이즐나무의 열매가 헤이즐넛(Hazelnut)이다. 이 견과는 고소하고 달콤한 향으로 그냥 먹거나 땅콩버터와 비슷한 헤이즐

넛버터로 만들어 먹는다. 우리가 알고 있는 헤이즐넛 커피는 보통 유통기간이 얼마 남지 않은 커피 원두에 인공의 헤이즐넛 향을 입힌 것이라 한다. 그러니 헤이즐넛 커피에는 헤이즐넛이 들어있지 않는 셈이다.

헤이즐나무 숲은 나에게 장미원보다 더 매력적이다. 온통 초록색과 그 사이를 누비는 연둣빛 싱그러움으로 덮인 초록의 나라이다. 녹음방초승화시(綠陰芳草勝花時)라는 고사성어가 '꽃이 지고 녹음이 우거지는 초여름'을 뜻한다고 하지만 나는 글자 그대로 나뭇잎이 푸르게 우거진 그늘과 향기로운 풀이 꽃보다 좋은 이 숲에 걸맞는 표현 같다. 가운데 동화 속 왕자님도 계신다. 누구의 조각상인지는 몰라도 내 마음 속에 왕자님이다. 조각상은 유럽 정원의 감초이다. 조각의 의미보다 주변에 또 다른 각자의 이야기를 만드는 묘한 매력이 있다.

견과류 농원을 지나 허브 가든을 둘러보고 해자 역할을 하는 개울을 따라 걷는다. 해자는 일반적으로 적의 침입을 막기 위해 성 주위에 4면을 둘러 판 연못인데, 이곳은 농원 쪽으로 2면만 두른 폭이 2~3m 되는 개울이다. 아마 양이나 소들이 정원으로 들어오는 것을 막는 정도의 역할을 하는 것 같다. 개울 건너 멀리 내가 좋아하는 켄트 지방의 너울거리는 구릉이 펼쳐진다.

계속 개울을 따라 걸으니 가제보(Gazebo)에 이른다. 일반적인 가제보와는 달리 벽과 문이 있는 오두막 모습이다. 가제보 안에 타자기와 몇 권의 책이 책상 위에 놓여 있다. 그 앞의 넓은 창문은 들판으로 열려 있다. 마치 누군가 글을 쓰고 있다가 들판으로 산책을 나간 듯한 모습이다.

그리고 나는 넓은 과수원을 가로질러 다시 시씽허스트 성으로 향했다. 이번에는 벽돌담으로 정원의 방을 나누었다. 담 사이에 오래된 나무 판장의 작은 문이 있다. 이 문을 들어서면 화이트 가든이다. 이곳이 시씽허스트의 테마가 있는 여러 정원 중에서 가장 유명한 정원일 것이다.

시씽허스트 성 | 139

화이트 가든은 흰 꽃으로만 화단을 꾸며 붙여진 이름이다. 존스턴의 히드코트에도 같은 꽃 색으로 꾸민 화단이 있지만, 작가인 비타 색빌웨스트는 화단에 이름을 붙이고 글로 남겨 특화한 것이다. 요즘 말하는 스토리텔링이다.

화이트 가든을 지나 다시 넓은 잔디 마당으로 연결된다. 그리고 들어오면서 보았던 우뚝 선 탑으로 올라갔다. 계단을 오르다 보면 중간에 2층, 3층의 전시실과 연결된다. 거실과 작업실 등 비타 색빌웨스트와 해롤드 니콜슨의 그 시절 생활 모습을 그대로 보여준다. 그리고 건물의 옥상부분이 전망대이다.

전망대에서 내려다보니 정원의 전체 모습이 한눈에 들어온다. 지금까지 길을 따라 이리저리 무척 넓은 정원을 돌아 본 것 같았는데 내가 생각했던 정도의 규모는 아니었다. 시씽허스트는 담장과 생울타리를 이용하여 정원을 방으로 나누어 각방마다 다른 모습으로 만들었다.

시씽허스트 성 | 141

 또한 담에 있는 작은 문은 다음 정원에 대한 기대감과 호기심을 유발시키고 있다. 그리고 방과 방을 연결해 주는 긴 통로가 어우러지니 정원의 크기는 몇 배로 더 넓게 느껴지는 것 같다.
 이 느낌이 정원 마니아들을 사로잡은 듯하다. 정원을 가꾸다 보면 새롭게 보이는 식물도 있고 신품종도 나와 더 많은 정원수를 심고 싶은 욕심이 난다. 그리고 마음껏 꾸밀 수 있는 더 넓은 정원을 갖고 싶어진다. 이곳 시씽허스트나 히드코트의 정원에 그 아쉬움을 해결할 수 있는 해답이 들어 있었다. 그래서 이 두 정원은 정원마니아들의 사랑을 받으며 정원의 역사에 남게 되었나 보다.

● 롱 반(Long Barn)

　롱 반은 비타 색빌 웨스트와 헤롤드 니콜슨이 시씽허스트 성으로 이사 가기 전에 살았던 집이다. 이들은 1915년 이곳으로 오면서 정원을 꾸미기 시작하였다. 이곳은 비타 색빌 웨스트가 유년 시절에 살았던 켄트 지방에 있는 놀 저택(Knole House)에서 얼마 떨어지지 않은 곳에 있는 농원이었다.

　주택은 1390년에 지어진 나무 골조에 회반죽으로 메운 하프팀버(half timber)식 목조 주택이며 농부들의 숙소이었다. 19세기 증축을 하면서 길게 헛간(Barn)을 덧붙여 지으면서 롱 반(Long Barn)이라는 이름이 붙었다.

　이곳에서 비타와 헤롤드는 정원을 방의 개념으로 구획하고 각 방의 특성에 따라 다양한 초화류를 식재하기 시작하였다. 그리고 1930년 그들은 시씽 허스트로 이사를 가면서 그곳에서 더욱 완벽한 모습으로 정원을 만들어 나간다. 그래서 롱 반의 정원은 시씽 허스트의 자매 정원이라는 별명이 있다.

　롱 반의 부지 면적은 정원이 12,000㎡ 정도이며 주변에 16,000㎡의 초지가 있다. 전체 부지는 북쪽에서 남쪽으로 완만한 경사를 이루고 있다. 정원은 부지의 경사를 이용하여 서너 단으로 나눈 테라스 형태이다. 각 단을 정형식 정원 양식으로 꾸민 이탈리아의 노단식 정원이다.

　테라스에서 내려오면서 제일 위 쪽에 있는 장미 길(Rose Walk)부터 시작된다. 그리고 회양목으로 다듬은 자수화단(Box parterre), 네덜란드 정원(Dutch Garden)이다. 맨 아래 단은 잔디밭(Main Lawn)이다. 잔디밭에서 전체 정원을 올려다보니 원기둥 형태로 잘 다듬어 놓은 주목이 웅장하게 서있다.

　지금 정원 주인은 레베카 레모니우스(Rebecca Lemonius)이다. 그녀는 이웃에 살다가 이 정원을 갖고 싶어 10여 년 전 이곳으로 이사 왔다고 한다. 그리고 그녀는 나에게 비타와 헤롤드가 이 정원에서 찍은 오래된 사진을 보여주었다.

시씽허스트 성 | 145

식물 사냥꾼 *Plants Hunter*

정원에 심을 꽃을 사려고 화훼단지에 가면 처음 보는 예쁜 꽃들이 가득하다. 아마 외국에서 온 것 같다. 비행기 혹은 배를 타고 화분에 심겨진 체 묘목으로 들어오기도 하고 씨를 수입하여 우리나라에서 재배하기도 한다. 주로 원예 산업이 발달한 영국이나 네덜란드에서 들여온 것들이다. 이렇게 땅에 뿌리를 내리고 사는 식물들도 먼 여행을 할 수 있다.

사실 식물들의 이동은 오랜 역사를 갖고 있다. BC 1500년경 이집트의 핫셉수트 여왕은 푼트(지금의 소말리아) 지역으로 원정대를 파견하여 신전에 바칠 향기로운 식물을 가져오게 하였다. 또한 BC 6세기, 메소포타미아 평야를 지배하던 신바빌로니아 사람들은 사막에 있는 바빌론의 공중정원으로 많은 식물들을 옮겨 심었다. 그리고 마케도니아의 지배자 알렉산더 대왕 역시 BC 4세기경 소아시아 지방으로 출정하면서 진기한 식물을 본국으로 가져왔다고 한다.

이러한 식물 수집에 대한 열정은 17세기 유럽에 정원이 발달하면서 좀 더 진기한 식물을 내 정원에 들여놓고 싶은 욕망이 되었다. 그리고 이런 욕망을 채워주는 특별한 직업이 생겨났다. 바로 식물 사냥꾼(Plant Hunter)이다. 식물 사냥꾼은 신대륙이나 아시아의 새로운 식물들을 유럽으로 가져온 사람들이다.

당시 유럽은 신대륙 발견을 시작으로 전 세계로 진출하면서 식물 사냥이 가능하게 되었다. 식물 사냥꾼들은 더욱 멀리 아프리카와 동아시아까지 새로운 식물을 찾아 미지의 세계로 모험을 떠났다. 어떤 이들은 학문적 열정으로 떠났고 어떤 이들은 진기한 식물을 고가로 거래할 수 있어 위험한 항해를 마다하지 않았다. 그들은 진기한 식물을 찾아 열대의 정글로, 북극으로, 사막으로, 높은 산악지대로 탐험을 하였다. 때로는 식물을 채집하다가 목숨을 잃는 일도 있었다.

우리나라에 온 식물 사냥꾼도 있다. 일본 도쿄대학 출신의 다케노신 나카이(Takenoshin Nakai)이다. 그는 일제 강점기에 조선총독부에서 일하면서 한국의 산과 숲을 탐험하며 식물학적으로 세계에 알려지지 않은 수천 종을 발견하였다. 그리고 그는 한국의 식물을 국제학회에 보고하면서 자신의 이름을 명명자로 등록하였다. 국제식물명명규약에 따르면 학명은 속명 + 종명 + 발견자 또는 명명자(命名者)로 표기하는 것이 원칙이기 때문이다. 그래서 우리 식물의 학명에는 명명자에 나카이(Nakai)로 되어 있는 식물이 많다.

유럽의 식물 사냥꾼들은 새로운 식물을 채집하고 관찰하며 일기를 쓰거나 편지를 썼다. 그중에 독일의 지리학자이며 탐험가인 알렉산더 폰 훔볼트(Alexander von Humboldt)는 미지의 세계에서 경험한 이야기를 편지에 담아 유럽으로 보냈다. 이 편지들은 파리, 마드리드, 런던, 베를린 등에 소개되었고 흥미로운 화제가 되었다.

파울 헤르만이 남아프리카에서 제라늄을, 아델베르트 폰 샤미소는 미국 캘리포니아에서 노랑 양귀비를, 그리고 독일의 알렉산더 폰 훔볼트는 중남미에서 6천 종 이상의 식물을 본국으로 보냈다. 그리고 식물 사냥꾼들이 가져온 이국 식물들은 유럽의 온실을 가득 채웠다. 유럽 사회에 진기한 식물들로 정원을 꾸미는 것이 유행하게 되고 이는 부유함이나 높은 신분을 상징하였다.

아직도 식물들의 여행은 계속되고 있다. 식물들은 인간의 식물에 대한 열정으로 바다와 대륙을 건너 머나먼 나라의 정원사들에게 전해지고 있다.

스페인

4.1 스페인 정원의 발달
4.2 세비야 알카사르
　　　　　Reales Alcázares de Sevilla
4.3 알람브라 궁전
　　　　　Palacio de La Alhambra

4.1 스페인 정원의 발달

　스페인에는 이슬람 양식의 정원이 발달하였다. 이는 7~17세기 무렵에 이슬람교의 세력권에서 발달한 건축 양식이다. 이슬람교는 아시아, 아프리카, 유럽에 걸치는 광대한 영토에 아랍제국을 형성한 아랍인들의 종교이다. 그들은 북아프리카의 무어인들에게 이슬람 문화를 전한다. 그리고 711년 무어인들은 지브롤터 해협을 건너 스페인 남서부 이베리아반도를 정복하였다. 이때부터 거의 800년 동안 스페인은 사회 전반에 걸쳐 이슬람 문화가 정착하게 된다.

　당시 유럽의 다른 지역은 중세(5~15세기)의 암흑기로 종교적으로나 문화적, 과학적으로 많이 뒤처져 있었다. 이슬람교도와 기독교도는 대립과 전쟁을 거듭해 왔지만 이슬람 문명의 영향은 서서히 중세 유럽 사회에 퍼져 갔다. 아프리카에서 건너온 무어인들은 이슬람 문화의 예술, 건축 및 관개 시설뿐 아니라 고대 그리스의 철학과 문화를 전달하였다. 또한 그들은 관상용 정원을 만들었을 뿐 아니라 바그다드에 집적된 식물학의 지식을 유럽으로 전해 주었다.

　특히, 이베리아반도의 남부, 안달루시아 지방에는 고대 로마의 문화가 남아 있어 두 문화가 혼합되면서 스페인의 독창적인 이슬람 문화를 형성하게 되었다. 당시 남부에 있는 세비야와 코르도바는 지중해 무역의 중심지로 중세 유럽에서 가장 크게 발달된 도시였다. 그리고 13세기, 기독교도들에 의한 국토회복운동으로 함락된 이후에도 스페인에서 이슬람 문화의 영향이 가장 많이 남아 있는 곳이다. 정원에도 이슬람양식의 건축물과 디자인이 적용되기 시작하였다.

　이슬람 정원의 특징은 코란에 묘사된 낙원을 지상에 재현하는 것이다. 정원의 배치는 차하르 바그(Chahar-bagh)라는 4분원이 기본이며 이는 물, 불, 공기, 흙을 상징한다. 특히 스페인의 이슬람 정원은 파티오(Patio)라는 중정이 있고 가운데 분수나 연못을 두어 정원을 네 부분으로 나누어 화단을 배치한다.

파티오의 주위는 건물의 주랑으로 둘려 있으며 벽이나 바닥에 화려한 아라베스크 문양의 타일이나 조각 등으로 장식한다. 정원에는 덥고 건조한 기후 조건에 따라 수경시설이나 유실수를 심어 시원한 그늘을 조성한다.

정원 식물은 사이프러스, 대추야자 등으로 녹음을 조성하고, 유실수는 오렌지, 석류, 무화과, 배 등이며 화훼류는 방향성 식물, 백합, 튤립, 자스민 등이 식재되었다. 현재 유럽 정원에 연출되는 '꽃이 흐드러진 화단' 이라는 이미지는 들판에 여러 종류의 씨앗을 뿌려 가꾸는 아랍 정원의 전통이라고 한다.

스페인에서 꽃 핀 이슬람 문화는 이슬람 예술의 최고의 극치를 보여준다는 알람브라 궁전과 정원에 남게 된다. 또한 코르도바의 알카사르 정원, 세비야의 레알 알카사르 정원이 이슬람 정원을 대표하고 있다. 이들의 아름다운 정원은 유럽에 존재하는 귀중한 문화유산으로 보존되어 있으며 코란에 묘사된 낙원이라는 개념을 전하고 있다. 그리고 스페인의 정원 양식은 훗날 이탈리아의 르네상스 정원을 거쳐 유럽 정원의 모태가 된다.

4.2 세비야 알카사르

Reales Alcázares de Sevilla

천 년의 세월을 담은 오아시스

세비야 알카사르(Reales Alcázares de Sevilla)는 스페인 마드리드에서 540km 정도 남서쪽에 위치한 안달루시아 지방에 있다. 이곳은 이슬람 국가에 의해 만들어진 알카사르이며 우리에게 아직 친숙하지 않은 이슬람 문화를 엿볼 수 있는 곳이다. 알카사르(alcázar)는 '성곽이 있는 궁전'이란 뜻으로 'al'은 아랍어의 정관사이고 성곽이나 궁전을 뜻하는 'Kazar'가 결합하여 스페인어가 되었다. 스페인에는 코르도바의 알카사르, 톨레도의 알카사르, 세고비아의 알카사르 등이 있다.

나는 마드리드에서 톨레도를 거쳐 고속도로를 타고 남부 지역에 있는 안달루시아(Andalucía)로 향했다. 길옆으로 나직한 구릉을 타고 올리브 밭이 하염없이 펼쳐진다. 안달루시아 지방은 동쪽의 사막 지대와 습지, 네바다 산맥이 있고 남쪽은 지중해와 지브롤터 해협 그리고 서쪽은 포르투갈과 대서양이 있어 다양한 자연 환경을 접할 수 있는 곳이다. 주요 도시로는 코르도바, 세비야, 론다, 말라가 그리고 그라나다 등이 있는 곳이다.

　안달루시아 지방은 이미 청동기시대부터 문화가 싹트기 시작했으나, 예로부터 여러 국가의 지배를 받았다. BC 12세기에는 페니키아, BC 5세기에는 카르타고, 그리고 로마 제국 등 여러 국가가 통치하였다. 그리고 8세기 초, 북아프리카의 무어인(베르베르 무슬림)들이 지브롤터 해협을 건너 피레네 산맥 이남의 이곳을 지배하였다. 그때부터 781년 동안 이 지역에 이슬람 왕국이 존재하였고 오늘날에도 이슬람 문화의 영향이 많이 남아있는 곳이다.

　그 중에 세비야는 고대 로마 시절 라틴어로 '히스팔리스(Hispalis)'이었다. 712년 무어인들이 이곳으로 들어오면서 '시장이 열리는 곳'이란 뜻의 아랍어 '이쉬빌리아'로 불리다가 현재의 도시 이름인 세비야가 되었다.

　세비야 알카사르는 안달루시아 지방의 역사를 반영하듯이 여러 왕조에 걸쳐 서로 다른 시대에 서로 다른 양식으로 지어진 궁전들이 모여 있는 곳이다. 이곳은 고대 로마인의 정착지로 시작하여 712년 세비야가 아랍인들에 의해 정복되면서 궁전 경비대가 세워졌다. 1248년 카스티야의 페르난도 3세가 도시를 되찾으면서 궁전으로 건설하기 시작하였고 1364년 페드로 1세는 최고의 무데하르(Mudejar) 양식의 궁을 완성한다. 무데하르 건축양식은 기독교문화와 이슬람 문화가 만나면서 로마네스크, 고딕, 이슬람 양식이 혼합되어 다른 유럽 국가에서는 볼 수 없는 스페인 고유의 건축 양식이다.

세비야 알카사르는 1979년 유네스코 세계문화유산으로 등재되어 있는 곳이다. 하지만 궁전의 한쪽 구역은 일반인의 통행을 금지하고 있다. 그곳은 지금도 스페인 왕실 가족들의 거처로 사용하고 있기 때문이다. 이 궁전은 유럽에서 현재 왕족이 살고 있는 가장 오래된 궁전이라고 한다.

나는 천 년간 잘 보존된 성벽, 화려한 건축물 그리고 아름다운 정원이 있는 세비야 알카사르로 향하였다.

입구는 사자의 탑(Puerta del Leon)을 통해 들어간다. 사자의 문양이 탑에 세라믹 타일로 장식되어 있다. 그리고 안으로 들어가면 사자의 중정(Patio del Leon)이다. 이슬람 정원 양식의 특징인 4개의 화단으로 구성된 4분원이다. 그리고 아치형 게이트를 들어서면 예소 궁(Palacio del Yeso)과 돌로 포장된 넓은 광장이 나온다. 광장의 이름은 파티오 드 라 몬테리아(Patio de la Monteria)이다. Monteria가 스페인어로 사냥이라고 하니, 사냥을 떠나기 전에 이곳에 모였던 곳이다.

그리고 페드로 궁(Palacio del Rey Don Pedro)으로 연결된다. 궁은 1층에 회랑이 있고 건물 가운데 돈쎄야 중정(Patio de las Doncellas)이 있다. Doncella가 스페인어로 '여인, 아가씨'라는 뜻이라니 여인들의 중정이다. 이곳은 페드로 1세가 그의 애인 마리아 파디야를 위해 만든 정원이다. 그는 아름다운 궁을 짓기 위해 세비야, 톨레도 그리고 그라나다에 있는 건축과 공예의 장인들을 불러 조성하였다고 한다. 중정은 건물 쪽으로 긴 사각형의 회랑으로 둘렀으며 기둥은 화려한 문양의 조각으로 장식되어 있다. 그 안에 긴 연못은 회랑과 같은 높이로 잔잔한 수면을 유지한다. 그리고 화단은 연못의 수조 보다 낮은 위치에 있으며 화단에는 6그루의 오렌지 나무가 둥글게 다듬어져 있다.

페드로 궁을 지나 정원으로 나오니 벽으로 둘러진 여러 개의 작은 정원들이 연속적으로 배치되어 있다. 왕자의 정원(Jardín del Príncipe), 트로야의 정원(Jardín de Troya) 그리고 춤의 정원(Jardín de la Danza)이다. 잘 꾸며진 다양한 모습의 정원은 하나씩 건축물 가운데 조성하는 중정에 담아도 될 듯하다.

그리고 그 끝에 커다란 사각형 연못이 있다. 2층 높이의 건물에서 한줄기 폭포가 연못으로 떨어진다. 큰 물줄기는 아니지만 높은 곳에서 수면으로 떨어지니 물소리가 크고 웅장하다. 물소리 자체가 주변을 시원하게 만들고 있다.

그리고 2층 규모의 갤러리(Galería de Grutesco)가 연결된다. 2층에 있는 긴 복도를 걸으면서 양쪽으로 펼쳐진 넓은 정원을 높은 곳에서 감상할 수 있다. 동쪽부터 베가 인클란 후작의 정원(Jardín del Marqués de la Vega-Inclán), 시인의 정원(Jardín de los Poetas), 미로 정원(Jardín del Laberinto) 그리고 영국 정원(Jardín Inglés)이다. 격자형으로 배치한 정방형의 화단과 그 안에 오래된 나무들이 전체적으로 울창한 숲을 만들고 있다. 건조한 안달루시아 지방에서 마치 거대한 오아시스를 내려다보는 듯하다.

나는 갤러리에서 내려와 카를로 5세의 파빌리온(Pabellón de Carlos V)으로 향했다. 남쪽으로 영국 정원(Jardín Inglés)이 있는데 지금은 보수 중이다. 그 앞에 공사용 가리개가 있는데 조감도와 정원 설계자의 스케치가 그려져 있다. 직업병인지 나에게는 멋진 한 폭의 그림으로 보인다.

세비야 알카사르를 나와 숙소로 갔다. 나는 세비야에서는 파티오(patio)가 있는 숙소에 머물고 싶었다. 이슬람 정원의 구성요소 중에 파티오가 나에게 가장 흥미롭기 때문이다. 파티오는 'ㅁ'자 구조의 건물에 가운데 정원을 꾸며 놓은 안뜰 형태이다. 내가 머문 호텔은 구시가지의 좁은 골목길 안에 있었다.

 호텔은 여러 채의 건물이 연결되어 있다. 그 건물들 가운데에 크고 작은 파티오가 4곳이 있다. 호텔 투어를 해야 할 판이다. 아니 호텔 투어를 했다. 파티오는 연못이 있는 곳도 있고 화단 또는 화분으로 장식한 곳도 있다. 화려하지는 않았지만, 건물로 둘러싸인 공간은 아늑하고 더욱이 한 낮에도 건물 그림자로 서늘한 기운이 돈다. 다르게 보면 무척 폐쇄된 공간이다. 어쩜 외적의 침입이 잦았던 이 땅의 역사를 말하고 있는 지도 모르겠다. 하지만 건물과 건물 사이에 있는 마당이니 마치 우리네 안마당, 뒷마당 그리고 사랑마당 같은 분위기이다.

 나는 예전에 스페인에 왔을 때, 몇 번 식당에서 하는 플라멩코 공연을 보긴 하였는데 뭔가 아쉬웠었다. 이번에는 호텔 프런트에서 전문 공연장을 소개 받았다. 다음 날, 알카사르에 가기 전에 공연장에 가서 위치를 미리 확인하고 저녁 공연을 예약했다. 늦은 오후에 나는 간단히 저녁을 먹고 공연장으로 향했다.

하지만 미로 같은 세비야의 골목길은 낮에 본 거리의 모습과 해가 지고 난 어스름한 저녁의 모습이 달랐다. 공연 시간은 거의 다 되어가고 있다. 이곳저곳을 기웃거리다 보니 골목 안쪽에 플라멩코 의상을 파는 가게가 보인다.

나는 그곳에 들어가 예약권을 보여주고 가는 길을 물었다. 그런데 옆에 있던 여인이 웃으며 자기를 따라 오면 된다고 한다. 그녀의 의상이 심상치 않다. 공연장에 도착하니 그녀는 우리를 공연장으로 안내하고 자신은 뒤로 사라진다.

겨우 시간에 맞추어 자리를 잡았다. 공연이 시작되니 그녀가 이 무대에서 플라멩코 춤을 추는 무희로 등장한다. 마치 아는 친구가 공연을 하는 듯 반가웠다. 그녀는 자신의 모든 에너지를 손끝과 발끝으로 모아 멀리 우주로 날려 보내는 듯하다. 마치 영혼과 육체가 하나 된 듯 불꽃처럼 춤을 춘다.

플라멩코는 무용수의 춤, 거칠고 깊은 목소리로 영혼을 뒤흔드는 노래 그리고 현란한 기타 연주에 의해 이루어진다. 플라멩코의 어원은 불꽃을 뜻하는 Flama에서 왔다고 한다. 그리고 '멋진', '화려한'을 뜻하는 은어로 사용되다가 집시음악을 뜻하게 되었다. 집시들은 유랑 민족으로 인도 북부에서 시작하여 페르시아와 콘스탄티노플을 거쳐 서유럽 곳곳으로 이동하였다. 그중 이베리아반도의 남쪽까지 먼 길을 왔던 집시들이 바로 플라멩코의 주인공들이란다.

그들의 음악에는 여기저기 떠돌아다니는 불안정한 삶에 대한 한의 정서가 담겨서 인지 깊은 울림이 전해진다. 더욱이 플라멩코의 춤사위는 단순하지만 결코 가볍지 않은 리듬 속에서 빠른 동작의 격렬함과 정지된 포즈의 우아함이 교차하고 있다. 마치 지금 유럽에 남아 있는 이슬람 문화를 말하고 있는 것 같다.

나는 이슬람 정원을 보러 왔다. 하지만 그들의 생활 속에 담겨 있는 플라멩코와 파티오를 본 것이 그들의 정원을 이해하는 데 더 많은 도움이 된 것 같다.

4.3 알람브라 궁전

Palacio de La Alhambra

유럽에 남은 이슬람 문화의 꽃

알람브라(La Alhambra) 궁전은 스페인 남부 안달루시아 지방의 그라나다(Granada) 에 있다. 스페인어로 '눈 덮인 산맥'이라는 의미를 가진 험준한 산악지역인 시에라 네바다(Sierra Navada) 산맥 북쪽에 위치한다. 그리고 수도 마드리드에서 남쪽으로 약 350km 떨어져 있다. 알람브라 궁전은 무어인들이 이슬람 문화를 남겨 놓은 곳이다. 연한 붉은색의 벽돌로 건물을 짓기 시작하여 아랍어로 붉은색을 뜻하는 알 함라(Al Hamra)에서 유래되었다. 이 궁전은 유럽에 남아 있는 이슬람 문화의 꽃이라고 한다.

알람브라 궁전은 8세기 이슬람교도인 무어인들이 이 지역에 들어와 성과 요새를 지으면서 시작된다. 그리고 본격적인 궁전은 스페인의 마지막 이슬람 왕조인 나스르왕조(1231~1492)의 무함마드(Mohammed) 1세가 13세기 후반에 본격적으로 건립하고 유수프(Yusuf) 1세와 무함마드(Mohammed) 5세의 증축과 개축을 거쳐 완성되었다. 하지만 이곳은 가톨릭의 국토회복운동으로 결혼 동맹을 맺은 카스티야 왕국의 이사벨라(Isabella) 1세와 아라곤 왕국의 페르난도(Fernando) 2세에 의하여 1492년 정복되었다. 당시 마지막 왕이었던 보압딜(Boabdil)은 '그라나다를 잃는 것보다 알람브라 궁전을 다시 보지 못한다는 사실이 더 슬프다.'라는 말을 남겼다. 그는 전쟁을 하지 않고 물러나 다행히 궁전에 상처를 남기지 않았다고 한다.

나는 그라나다에 도착하여 우선 숙소로 향했다. 유럽에 있는 오래된 도시들이 어디나 그러하듯이 숙소는 일방통행의 좁은 골목 안에 있었다. 숙소 주인에게 주차장이 어디냐고 물으니 길게 대답한다. 그리고 그는 손사래를 저으며 내 차에 오른다. 나의 난감한 표정을 보고 직접 주차장까지 운전하겠다는 것이다. 역시 주차장도 일방통행의 좁은 길을 지나 3층짜리 주차 건물이다.

다음 날 알람브라 궁전으로 향했다. 다행히 숙소 앞에 그곳으로 가는 시내버스 정류장이 있다. 주차장 가는 것보다 가깝다. 더구나 알람브라 궁전은 시내 중심에서 30분 정도 걸으면 갈 수 있다. 갈 때는 언덕을 오르는 길이니 버스를 타고 올 때는 걸어 내려오면서 주변에 있는 기념품 가게를 구경할 수 있다.

알람브라 궁전은 그라나다 시내를 한눈으로 내려다볼 수 있는 언덕 위에 위치한다. 궁전으로 가는 길에 지난날 직원들과 함께 왔던 기억이 난다. 한 직원이 '학교에서 배울 때, 서너 줄로 설명되었던 곳이 이렇게 대단한 곳인 줄은 정말 몰랐다.'며 감탄한다. 그때는 궁전 앞에서 입장권을 샀는데 요즘은 인터넷

예약을 해야 한다. 그것도 성수기에는 몇 달 전에 예약이 완료된다고 한다.

초입에 거대한 사각형의 건물인 카를로스(Carlos) 궁이 있다. 그라나다를 정복한 부부 왕에 이어 스페인 왕위에 오른 카를로스 5세는 자신의 이름을 붙여 궁을 짓는다. 그는 알람브라를 능가하는 궁을 짓고 싶었다고 한다. 지금은 전시공간으로 활용하고 있어 무료입장 구역이다. 하지만 위압적인 사각 건물에 포장만 깔려 있는 원형의 중정이 어색하기만 하다.

입장권은 나사리에스 궁으로 들어가면서 보여준다. 궁으로 들어가면 먼저 건물 가운데 아라야네스 중정이 나온다. 크기는 36×23m이며 사각형의 중정이다. 가운데 길고 잔잔한 연못이 있어 파란 하늘과 아름다운 궁의 모습이 수면 위에 투영된다. 연못 주변은 낮은 관목으로 정갈하게 다듬어져 있다. 윤이 나는 진한 초록 잎과 5월에 흰색 꽃이 핀다는 미르틀(Myrtle)이다. 긴 연못의 양쪽 끝에는 흰 대리석으로 조각한 수반과 그 가운데에서 나지막한 분수가 잔잔한 물소리를 내려 올라온다. 평온하고 차분한 분위기이다.

궁과 궁은 내부로 연결되어 있으며 각 궁마다 가운데에 중정을 갖고 있다. 다음은 레오네스 궁에 있는 사자의 중정이다. 이곳은 술탄의 후궁들이 머물던 내밀한 공간으로 화려하고 경쾌하다. 건물은 기둥과 벽면, 천장이 기하학적 문양으로 화려하게 조각되어 그 섬세하고 정교함이 감동적이다.

이슬람교에서는 우상 숭배를 금지하여 사람이나 동물 모양의 그림을 그릴 수 없기 때문에 기하학적인 아라베스크 무늬를 이용하여 장식하였다. 사면이 열주로 둘러진 회랑식 중정은 28×16m의 규모이다. 그 가운데 대리석으로 만든 12마리의 사자가 저마다 입에서 물줄기를 내뿜는다. 그리고 사자들이 받치고 있는 수반을 중심으로 네 개의 수로가 중정을 4등분하고 있다.

사자의 중정 북쪽으로 다라하의 중정이 있다. 이곳도 중정 가운데 작은 분수대가 있지만 전체적으로 화단과 정원수로 꾸며져 초록의 공간이다. 한결 부드러운 분위기이다. 분수 주위에 키가 큰 사이프러스가 있고 아케이드 쪽으로 오렌지 나무가 식재되어 있다. 화단은 회양목으로 문양을 주고 정원의 길은 흙 포장으로 부드럽게 깔려있다.

아라야네스 중정과 다하라 중정 사이에 레하의 중정(Patio de la Reja)이 인상적이다. 바닥 포장은 검은색과 회색 자갈로 문양을 넣어 마치 카펫을 깔아 놓은 듯하다. 네 귀퉁이에 사이프러스가 서있고 나무 아래 작은 화단은 초록의 아이비가 가득 덮었다. 그리고 긴 벤치 한 개만을 담에 바싹 붙여 놓았다. 간결하고 아담한 공간이다. 외부의 뜨거운 태양을 피해 한가한 휴식을 즐겼던 모양이다.

나사리에스 궁을 지나니 후원이자 귀족들의 처소였던 파르탈 정원이 펼쳐진다. 귀부인의 탑(Torre de las Damas)이 있고 옆으로 아케이드가 연결되어 있다. 아치형의 빈창으로 건너편 사크로몬테 언덕이 멀리 보인다. 건물을 나와 아케이드 앞으로 넓은 연못이 있으며 그 수면 위에 반사되는 풍광이 주변을 더욱 화

려하게 장식한다. 넓은 정원에는 크고 작은 연못과 이를 연결하는 수로가 잘 가꾸어진 정원수와 조화를 이루고 있다.

저 멀리 언덕 위에 알람브라 궁전의 여름 별장인 헤네랄리페 궁이 보인다. 그쪽으로 가기 전에 함께 간 후배가 점심으로 한 턱을 내고 싶다고 한다. 그래서 이왕이면 멋진 곳에서 식사를 하기로 하였다. 이곳에 스페인의 파라도르(Parador Nacional de Turismo)가 있기 때문이다. 그라나다에서는 알람브라 궁전과 연결되어 있는 부속 건물의 일부를 파라도르로 이용하고 있다.

파라도르는 스페인의 국영 관광호텔로 정부에서 고성이나 궁전, 귀족의 저택 등 역사적인 건물을 매입하여 호텔로 개조한 곳이다. 이 호텔들은 대부분 중세 분위기의 건물이며 각 지역에서 가장 경치 좋은 곳에 위치하여 환상적인 전망을 보여준다. 오늘은 조금 무리해서 알람브라 궁전의 파라도르에서 식사를 하기로 하였다. 점심시간이라 특별한 가격의 런치 스페셜이 있어 다행이었다.

식사 후, 알람브라 궁전의 북동쪽 작은 계곡 건너편 언덕에 위치한 헤네랄리페(Generalife) 쪽으로 올라간다. 어원은 아랍어 alarife에서 왔으며 이는 건축가 또는 건축 최고 책임자를 의미한다고 한다. 이곳은 1319년 무하마드 3세 때 왕실의 여름 별장으로 축조되었다. 헤네랄리페의 정원들은 계곡을 향해 언덕에 위치하여 경사지를 다단식으로 이용한 정원이 조성되어 있다.

가는 길에 바호스 정원이 있다. 오래된 토피어리가 양쪽에서 두툼하게 초록의 길을 만들어 웅장하고 서늘한 기운이 감돈다. 길과 평행하게 수로가 있고 양쪽에 토피어리로 만든 수벽은 아기자기하게 공간을 구획하였다.

아세키아 중정으로 들어서면 왼쪽으로 길게 회랑이다. 그곳에서 알람브라 궁전과 그라나다 시내가 내려다보인다. 정원은 회랑을 따라 좁고 길다. 중앙에 긴 수로가 있으며 수로를 향해 일렬로 가는 물줄기의 분수들이 포물선을 그린다. 일정하게 가운데로 떨어지는 물줄기는 길게 흰 물거품을 만들며 수면 위로 떨어지고 그 소리 또한 청량하다. 수로 양쪽 끝에 대리석으로 조각한 연꽃 모양의 수반이 있고 주변은 무늬화단과 장미화단이 조성되어 있다.

그리고 한 단 위에 술탄의 정원이 있다. 술탄은 이슬람 정치 지도자를 뜻하며 이들이 여름 피서지로 이용하였다. 두 개의 정사각형 연못이 연결되어 있다. 연못 안에 정방형의 화단이 있으며 화단 경계에 노즐을 두고 가는 물줄기가 연못으로 경쾌하게 빨려 들어간다.

알람브라 궁전을 둘러보니 정녕 이슬람 문화의 꽃이다. 전 세계의 많은 사람들이 이곳으로 모여드는 이유를 알 것 같다. 하지만 이곳이 세상에 주목을 받은 것은 이슬람 왕조가 물러나고 수백 년이 지난 후였다.

한때 알람브라는 스페인 왕조가 요새와 왕궁으로 사용했으나 17세기 이후 점차 잊혀 지면서 황폐해졌다. 그러다 19세기 들어 여행자들과 역사학자들에 의해 그 아름다움과 역사적 가치를 인정받으며 복원하게 된다.

특히 이곳을 세상에 알린 사람은 마드리드에서 외교관으로 있던 미국인 작가 워싱턴 어빙(Washington Irving)이다. 그는 알람브라 궁전의 아름다움에 매료되어 이곳에 얽힌 무어인들의 신비한 전설들을 기록한다. 1832년 〈알람브라 이야기〉가 출판되었고 이는 많은 사람들의 호기심을 자극하였다.

이슬람 문화는 아직 우리에게 많이 알려지지 않았다. 더욱이 이슬람 정원을 접할 기회는 더욱 많지 않았다. 다행히 스페인의 안달루시아 지방에 이슬람의 전통과 문화가 남아 있다. 세비야의 알카자르와 대성당, 코르도바의 메스키타 그리고 그라나다에 알람브라 궁전과 정원이 있다. 이를 보고 그들의 문화를 모두 이해할 수는 없겠지만 그들의 장인 정신과 정원을 지상의 낙원으로 꾸미려는 그들의 마음만은 충분히 이해할 수 있었다.

역사 정원을 지키는 정원사들

문현주

정원 디자이너이며 정원 작가이다. 서울에서 태어나 서울대학교 조경학과에서 부전공을 하였다. 졸업 후, 독일 Uni. Stuttgart에서 공부하고 독일 설계 사무소 PLP에서 일하였다. 귀국 후, 조경 설계 사무소 〈오브제 프랜〉을 운영하였다. 서울여자대학교에서 정원 설계 및 세계의 정원을 강의하였고 한양대학교에서 조경설계를 가르치며 겸임교수로 있었다.

유럽에서 오래 살았던 경험으로 다양한 모습의 유럽 정원을 우리나라에 소개하고 그들의 정원 문화를 알리려 하고 있다. 경기도 양평으로 이사하여 정원 일을 시작하였고 수강생들이 직접 자신의 정원을 디자인하기 위한 〈가든 디자인 스쿨〉을 운영하면서 정원 공부를 계속하고 있다.

- 문현주와 함께하는 -
7단계 정원 디자인

글·사진 **문현주**

1단계 | 정원의 용도를 생각하자
2단계 | 정원의 유형을 선택하자
3단계 | 부지의 조건을 조사하자
4단계 | 땅 가름을 시작하자
5단계 | 필요한 구조물을 계획하자
6단계 | 정원수를 디자인하자
7단계 | 시설물로 장식하자

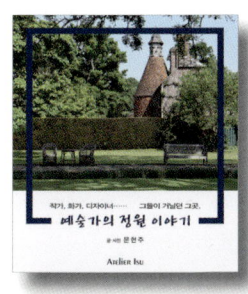

– 작가, 화가, 디자이너. . .그들이 거닐던 그곳, –
예술가의 정원 이야기

글·사진 **문현주**

셰익스피어, 샤갈, 모리스 등 많은 예술가들이 정원을 사랑하였다. 특히 프랑스의 프로방스 지역과 영국의 코츠월즈 지역에 많은 예술가들이 머물다 갔다. 그곳에 그들의 정원과 거기에 담긴 예술가의 흔적을 이야기한다.

– 영국의 오픈가든 –
유럽의 주택 정원 3

글 **문현주**, 사진 **서이수**

영국의 ngs(전국정원연합)와 RHS(왕립원예협회)의 활동을 소개한다. 그리고 런던 남부에 위치한 서리, 서섹스 및 켄트 지역의 오픈 가든 12곳의 주택 정원과 정원 교육기관 3곳을 소개하였다.

– 프랑스의 오픈가든 –
유럽의 주택 정원 2

글 **문현주**, 사진 **서이수**

프랑스의 정원 정책과 서부 노르망디 주변에 있는 11곳의 주택 정원을 방문하여 사진과 함께 그들의 이야기를 소개한다. 또한 정부에서 선정하여 특화한 우수 정원 6곳과 함께 프랑스의 정원 문화를 소개하였다.

– 독일, 스위스의 오픈가든 –
유럽의 주택 정원 1

글 **문현주**, 사진 **서이수**

유럽의 정원 역사와 오픈 가든의 기원을 간략하게 소개한다. 그리고 독일 남부 보덴 호수 주변에 있는 독일과 스위스의 주택 정원 12곳을 사진과 함께 실었으며 정원 디자이너가 경영하고 있는 쇼 가든 3곳을 소개하였다.

유럽의 역사정원 이야기

오랜 역사를 담아 . . 전통을 만들고 있는 그곳,

초판 1쇄 발행 2020년 6월 20일

지은이 | 문현주
펴낸이 | 서이수
펴낸곳 | Atelier Isu
편집디자인 | 백연옥
인쇄 | 금석인쇄

출판등록 | 제2014-000010 호
주소 | 경기도 양평군 양서면 신원1길 221
전화 | 070.7773.4190 / 010.7392.1469
팩스 | 02.6008.7089
이메일 | atelierisu@naver.com

ⓒ 문현주, 2020

ISBN 979-11-954329-6-7